ウイルスの世紀

なぜ繰り返し出現するのか

山内一也

みすず書房

目次

国名、施設名、個人の所属等の名称は、原則として記述当時のものを用い、必要に応じて現在の名称を併記した。

プロローグ

二〇〇三年二月十日、新たに出現した感染症を監視する情報ネットワークであるプロメド（ProMED）に、米国メリーランド州のある医師からのメールが掲載された。そこには、「広東省での流行を聞いたことがあるか？　現地在住の私の知人によると、病院が閉鎖され、人々が次々と死んでいるらしい」と書かれていた。これが、重症急性呼吸器症候群（ＳＡＲＳ）発生の最初の知らせだった。プロメドのネットワークで直ちに追跡が行われ、これまでにない疾患であることが明らかにされていった。中国政府がこの疫病の発生を認めたのは、一カ月後のことだった。

この新興感染症（エマージング感染症）と再興感染症（リエマージング感染症）のための情報ネットワーク、プロメドは、次のような経緯で設立された。

一九八〇年、ＷＨＯは天然痘の根絶を宣言した。当時、多くの細菌感染が抗生物質で治療可能になっており、人類にとって天然痘と並んでもっとも重大なウイルス感染症である麻疹とポリオにも根絶の見通しが出てきていた。人類は感染症を克服できると、多くの人々が考えていた。楽観の時代であった。

しかし現実には、一九八一年にエイズが出現した。そして八〇年代後半に全世界に広がっていった。人々は感染症の克服が幻想にすぎなかったことに気付き、多くのウイルス専門家が新しいウイルス出現への懸念を抱くようになった。そのひとりに、ロックフェラー大学の若いウイルス研究者、スティーブン・モースがいた。彼は同大学の学長でノーベル生理学医学賞受賞者であるジョシュア・レーダーバーグの賛同を得て、ウイルスの出現についての調査を開始し、一九八九年にロックフェラー大学、国立アレルギー・感染症研究所、フォガーティ国際センターの主催による専門家会議を開き、ウイルス出現の脅威についての報告書をまとめた。これがもとになって、米国アカデミーの下部機関である医学研究所は一九九一年に専門委員会を設置し、翌一九九二年に「エマージング感染症・米国における健康に対する微生物の脅威」という報告書をまとめ、連邦政府に病原微生物の脅威の深刻さと国の疾病監視能力の向上について勧告を行った[1]。この動きは国際的なレベルに広げられ、一九九三年にＷＨＯと米国科学者連盟は国連食糧農業機関（ＦＡＯ）や国際獣疫事務局（ＯＩＥ）と合同でエマージング感染症の国際監視計画（Program for Monitoring Emerging Infectious Diseases：ProMED）についての会議をジュネーブで開いた。この会議で採択されたのは次のような声明であった。

「最近になって新しく出現（エマージング）した、または再出現（リエマージング）した感染症*が数多くある。動物や植物の世界でも同様のことが起き、経済や環境に危険をもたらしつつある。これは、世界全体がいまだに感染症に対していかにもろいかということを示している。人、動物、植物の感染症の、地球規模での監視体制の確立が急務である」。

そしてエマージング感染症を見つけだして対策を講じる必要性が強調され、その制圧のプランを調整し、推進するためのフォーラムを作ることが、天然痘根絶計画のリーダーを務めたドナルド・ヘンダーソンから提案された。その結果、一九九四年にプロメドが生まれたのである。

最初の委員長は「エマージング感染症」という名前の生みの親でもあるスティーブン・モースであった[(2)]。フォーラムの司会者はニューヨーク公衆衛生研究所のジャック・ウドールとコロラド州立大学教授のチャールズ・カリシャーが務めた。

フォーラムが始まった翌年、一九九五年にはザイールでエボラ出血熱の大発生があり、現地からも生々しい情報がリアルタイムで寄せられた。その後、ＳＡＲＳをはじめ、中東呼吸器症候群（ＭＥＲＳ）、さらにＣＯＶＩＤ－19（いわゆる新型コロナウイルス感染症）でも、このネットワークの威力が遺憾なく発揮されている。

二〇一六年の時点で、全世界一八五カ国以上からの、七万五〇〇〇人以上の人々がプロメドの会員になっており、リアルタイムで世界各地の感染症情報が提供されている。

本書は、二〇世紀後半以降にぞくぞくと社会に出現したウイルスたち、いわゆる「エマージングウイルス」の物語である。そしてまた、ウイルスに対処する技術や仕組みを、人類がいかに科学界や社

＊　エマージング感染症は新興感染症、リエマージング感染症は再興感染症とも呼ばれる。

会全体で発展させてきたかを辿る物語でもある。現在急速に感染を広げているCOVID－19に、人類はこれまでに培ったすべての技術をもって対抗している。本書が進行中のCOVID－19に、そして今後も現れるだろう新たなエマージングウイルスにどう対応するべきかを理解する一助になれば幸いである。

第1章　ウイルスとは何者か

1　割り切れない不思議な存在

私が研究対象としてのウイルスに最初に出会ったのは、六四年前、二十四歳の時のことである。それは、天然痘ワクチンを構成するワクチニアウイルスであった。しかし、その時ウイルスと〝出会った〟とは、厳密には言いきれないのかもしれない。というのも、ワクチニアウイルスの場合、目に見えるのはウシの皮膚にできた種痘の病変と、そこから作った乳剤である天然痘ワクチンだけだからである。ウイルスそのものは見えないまま、私はその病変から、ウイルスの存在を感じとっていただけであった。

確かにウイルスは、条件さえ揃えば、その形態を電子顕微鏡で見ることができる。しかしそれは、活動していない、単なる粒子としてのウイルスを見ているにすぎない。ウイルス自身のもつダイナミックな性質を、その形から感じとることはできない。それはあくまで、病気や病変から感じとれるものなのである。

これまでに人間社会に突然現れた、数々の新型ウイルスも同様である。それらは常に、まず「謎の病気」として発見されてきた。その原因が新たなウイルスであるとわかるまでに、時間がかかることもある。そして病気を通してその存在が判明しても、実験しやすいよう培養するなど、飼いならすことは難しい場合が多い。第1章では、とらえにくくつかみどころがない、ウイルスの実態を見ていこう。

感染症の病原体として見た時、ウイルスと細菌を区別することは難しい。そのためウイルスは、細菌学の領域でまず新たな病原体として注目され、その後「細菌ではないと思われるもの」として発見された。両者の大きな違いのひとつは、まず、ウイルスは細菌よりもはるかに小さいということである。たとえば大腸菌が四マイクロメートル（一マイクロメートルは一〇〇〇分の一ミリメートル）であるのに対し、インフルエンザウイルスは一〇〇ナノメートル（一ナノメートルは一〇〇万分の一ミリメートル）しかない。これは、ウイルスが光学顕微鏡では見えないということであり、病気をおこした宿主の組織を顕微鏡で見ただけでは、その病原体を発見できないということを意味する。

両者の間には、大きさの違いだけでなく、基本的な性質の違いがある。

細菌はもっとも原始的な細胞であり、独立した生物である。つまり、寒天培養のような人工環境の中でも、栄養さえあれば自己増殖することができる。一方ウイルスは、細胞に寄生しなければ増殖できない。ウイルスが内部にもっているのは遺伝情報だけなので、遺伝情報に基づいてウイルスの部品を複製するための酵素を、細胞に借りる必要があるためだ。

ウイルス粒子の構造を見てみよう。ウイルスは、遺伝情報を担っている核酸（DNAまたはRNA）がタンパク質の殻（カプシド）で包まれてできており、一部はその周りを脂質を含む被膜（エンベロープ）が覆っている。インフルエンザウイルスや麻疹ウイルスなど、多くのウイルスがこれに相当する。一方、ポリオウイルスやノロウイルスはエンベロープをもたない裸の状態である（図1）。

細菌は、動物や植物の細胞と同様に、二分裂で増殖する。これは、遺伝情報だけではなく、増殖に必要な酵素などをすべて自前で備えているからこそ可能なことだ。一方、ウイルスの増殖方法は細菌とはまったく異なる。ウイルスはまず、粒子の表面にあるウイルスのタンパク質（鍵）を細胞の受容体（鍵穴）に結合して、細胞の中に侵入する。細胞はいわばウイルス生産工場であり、ウイルスは工場の機能をハイジャックして、ウイルスの設計図（核酸）の情報に従ってウイルスの部品（タンパク質）を生産させる。そして、細胞の中でそれらを組み立ててウイルス粒子を作り上げ、細胞外に放出する。このように、部品を大量生産する方式で、二分裂と比べて非常に高い効率で子孫粒子を生産するのである（図2）。

試験管内での実験では、ポリオウイルスは六－八時間で一回の生産工程を終え、一日で、一個のウイルスから数万から数十万のウイルスが産生される。

自己増殖することが生物の基本的条件であるとするならば、ウイルスは無生物なのではないかという議論もある。一九三五年、スタンリーがタバコモザイクウイルスの結晶化に成功したことが、議論に輪をかけることになった。無機物のように規則正しく並んで結晶になる物質が、生物に感染して増

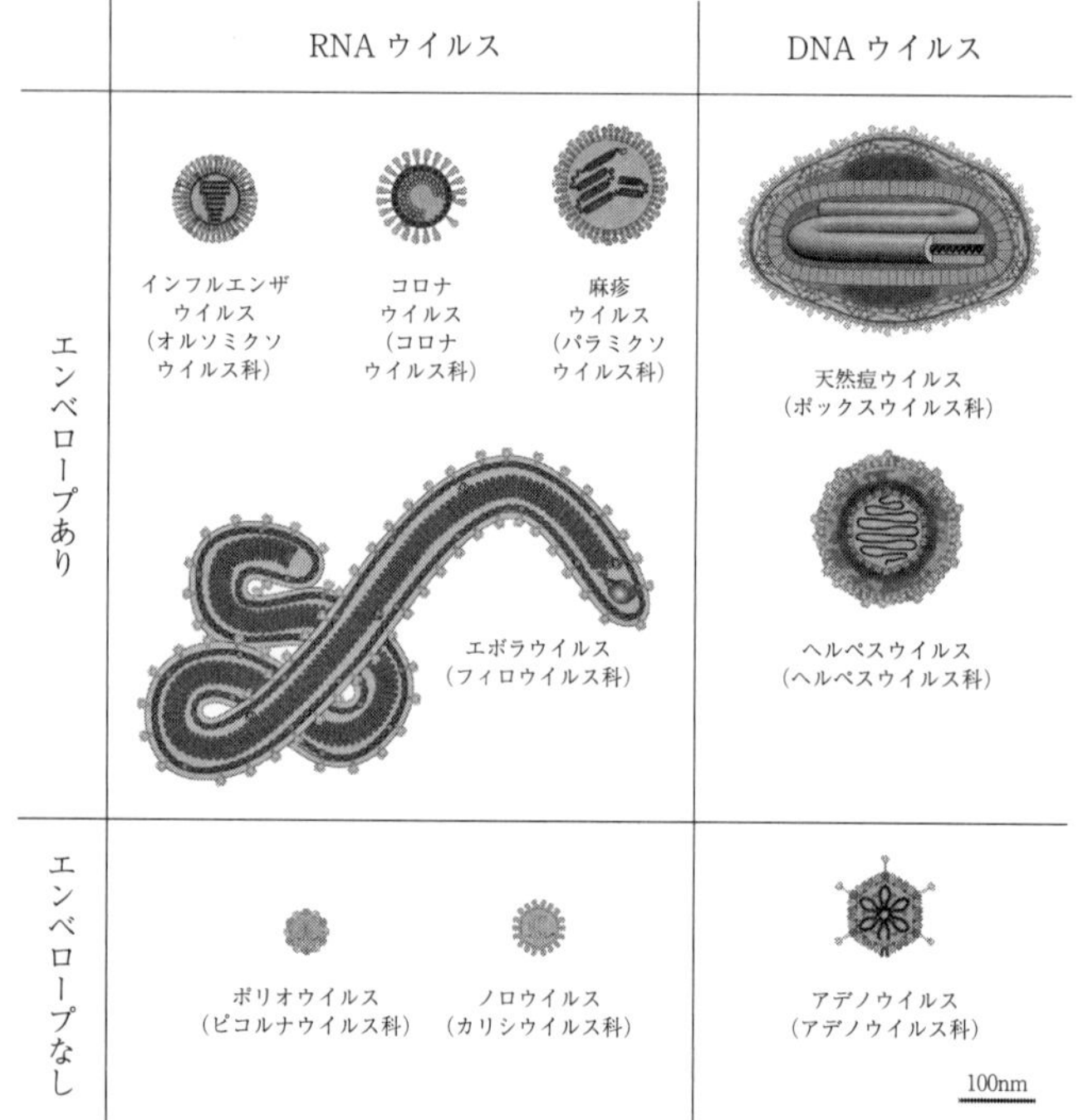

図 1　ウイルスの基本構造
ウイルスは、DNA または RNA からなる遺伝情報をカプシド（タンパク質の殻）が覆ってできており、細胞に比べ単純な構造である。多くはさらにエンベロープ（脂質を含む膜）で覆われている（図版：Viral Zone, SIB Swiss Institute of Bioinformatics）。

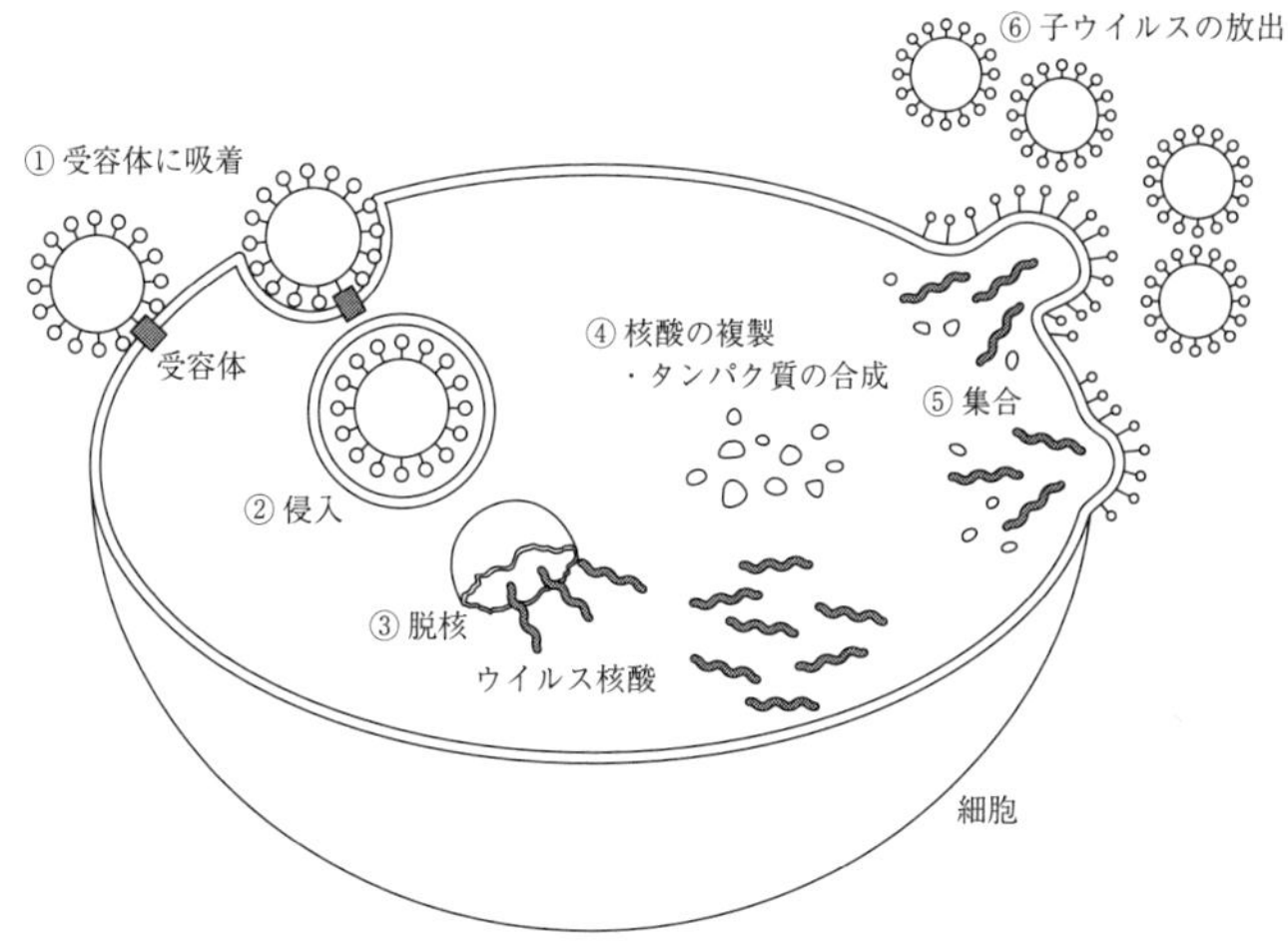

図２　ウイルスの増殖プロセス

殖する能力を持つということが、矛盾しているように思われたのだ。

川喜田愛郎（よしお）は名著『ウイルスの世界』の中で、ウイルスは生物か無生物かという議論を展開している。[1] それを簡単に要約してみよう。

生物に共通の特徴は自己増殖と代謝に整理される。ウイルスを眺めてみると、ウイルスは子ウイルスを作る増殖能力をもっている。その性質を子ウイルスに伝える遺伝の現象、また、性質が変わるとそれが子ウイルスに伝えられるという変異の現象も示す。しかし、代謝系が欠けているため、生きた細胞を宿主に選んではじめて増殖できるようになる。すなわち、ほかの生物に依存すれば、生物界にしか見られない仕事ができる有機体である。したがって、生物でもなければ無生物でもないと見るよりほかはないだろう――と述べられている。

その後、ウイルスが生物か無生物かという議論はしばらくなりを潜めていた。しかし二一世紀に入って、小型の細菌より大きなミミウイルスがアメーバから発見されたのをきっかけに、巨大ウイルスの発見ラッシュとなった。巨大ウイルスには、代謝に関わる遺伝子をもつものも見出されており、「生物か無生物か」の議論が再燃してきている。そこで見えてきたのは、現在の生物の概念にあてはまらない「生きもの」としてのウイルスの姿である。ウイルス粒子は体の外では活動しない単なる物質に見えるが、体内では生きものとして振る舞っていると言えよう。

2　不器用なウイルスと器用なウイルス

このように、ウイルスは細胞がなければ子孫を作ることができない。そのため、外界では増えることなく、いずれは死滅する（感染力を失う）。ウイルスの熱への抵抗性は一様ではないが、おおまかに言うと、ウイルスの半減期は摂氏六〇度では秒単位、二〇度で時間単位、四度で日単位と言われている。実験室でウイルスを保存する場合は、マイナス七〇度といった超低温を必要とする。エンベロープの主成分は脂質なので、エンベロープウイルスは、外界では物理的・化学的影響に弱く、アルコールなどで容易に不活化できる。ノンエンベロープウイルスに対しては、アルコールは効果がないため次亜塩素酸ソーダなどが用いられている。

ウイルス感染から回復した動物では、免疫反応によって身体からウイルスが排除されてしまい、後に強い免疫が残る。免疫が成立した動物には、ウイルスは再び感染することができない。したがって、ウイルスが生き残るためには、宿主の動物を殺すことなく、しかも防御反応である免疫からも免れて、宿主と共存するための戦略が必要になる。または、動物集団の中で次々と未感染の個体に感染することで、ウイルスの子孫を保つ必要がある。

このような観点で見ると、ウイルスには、きわめて巧妙な生き残りの戦略をもつものから、いたって不器用なものまでさまざまなタイプがある。いくつかの代表的なヒトウイルスの例を見てみよう。

もっとも不器用なウイルスの代表は天然痘ウイルスである。ヒトがこのウイルスに感染すると、高熱が出て、次に発疹が現れ、一週間くらいでかさぶたとなる。二〇～三〇％のヒトが死亡し、回復したヒトには、一生続く免疫が残る。ひとりの人間における天然痘ウイルスの運命を見ると、患者が死亡してウイルスも一緒に死滅するか、患者の免疫反応で消滅するかのどちらかである。いずれにしてもウイルスは死滅する運命にある。生き残るためには別の人間に感染していかなければならない。

ただし天然痘ウイルスは、空気感染によるきわめて激しい伝播力という武器をもっている。たとえば、ひとつの家に患者が出ると、家族の八〇％以上が感染する。ただし、天然痘ウイルスはヒトにだけ感染する、つまり自然界で宿主となるのはヒトだけであるという弱点がある。したがって、まだ天然痘に感染していない、天然痘ウイルスに対して感受性のあるヒトが周囲にいなければ、ウイルスは生き残ることができず死滅する。

このような天然痘ウイルスの弱点を積極的に利用したのが、WHOによる天然痘根絶計画であった。根絶に役立ついくつかの条件が天然痘ウイルスには揃っていた。第一に、種痘というすぐれたワクチンがあり、終生免疫を与えることができる。第二に、このウイルスは遺伝的に非常に安定しており、変異はほとんど起こさない。第三に、血清型のタイプは一種類だけである。つまりワクチンは一種類用意すればよい。第四に、ヒト以外に宿主になる動物がいない。これらの条件から、ヒトへのワクチン接種でウイルスの伝播を阻止する戦略が立てられ、見事に成功したのである。

麻疹ウイルスも、天然痘ウイルスとよく似ている。自然宿主はヒトだけである。ウイルスは咳などを介して広がる。伝播力が強く、幼稚園などで一人の患者が出ると、あっという間に広がってしまう。感染から回復した患者には一生続く免疫ができるため、再びウイルス増殖の場になることはない。麻疹ウイルスが存続するためには、麻疹にかかったことのないヒトがたえず必要となる。

麻疹ウイルスについては、興味深い疫学的なデータがある。北大西洋にフェロー諸島という隔絶された島があり、ここには数世紀にわたって人が住んでいる。医師のおかげで島の衛生状態は良好であり、一世紀半以上にわたって島での病気の流行が詳細に記録されてきた。それによると、この地で一七八一年に麻疹が発生し、島中に広がった。その後、麻疹の発生は六五年間にわたってまったく起こらなかった。麻疹ウイルスが島から消滅したとみなしてよい。一八四六年に麻疹が再び発生し、子供の時に麻疹にかかったことのある少数の白髪世代を除いて、島中のヒトが麻疹にかかった。一八七五年、三回目の麻疹が発生した際には、前回の流行で感染しなかったヒト、すなわち三十歳以下のヒトだけに麻疹の発生が見られた[2]。

　他方、一九四四年から一九六八年にかけて、英国の六〇カ所の町での麻疹の流行状況を分析した結果では、麻疹が存続するには、人口二五万〜四〇万人の都市生活集団が必要であるという数字が示されている。それ以下の場所では、麻疹ウイルスは消滅することになる。

　このように天然痘ウイルスや麻疹ウイルスは、人間集団の中でしか生存していけず、生き残りの戦略から見ればいわば不器用なウイルスと言える。

　巧妙な生き残り戦略をもっているウイルスとしては、ヘルペスウイルスがある。ヒトの間で存続している主なヘルペスウイルスは単純ヘルペスウイルスと水痘ウイルスである。いずれも子供の時にほとんどのヒトが感染する。単純ヘルペスウイルスの場合には、口の周りに水疱ができる。この中に含まれるウイルスが、同じコップの使用やキスなどで子供の時に感染する。病変が治まってもウイルスは三叉神経節の中に一生隠れ潜んでいて、免疫力が低下した時などに口の粘膜に出てきて、ヘルペス潰瘍を作る。

　水痘ウイルスは、空気感染で移り、その病変は体全体に広がる。回復するとウイルスは体中の感覚神経節に潜んでしまう。二〇年から四〇年くらい経って、免疫力の低下などでウイルスが目覚めると、皮膚に出現し、感覚神経に沿って潰瘍病変を作る。病名は水痘から帯状疱疹に変わる。

　帯状疱疹の病変には大量のウイルスが含まれている。これが家庭内などで子供に移り、水痘を起こすと考えられている。南大西洋の孤島トリスタンダクーニャは、人口がわずか二〇〇人あまりで、水痘が発生するのは、大人に帯状疱疹が発生した時に限られていた。麻疹のように大きな人口を必要とせず、小さな社会の中で、水痘－帯状疱疹－水痘という経路で何千年も受け継がれてきたのである。(3)

ウイルスの中で特に巧妙な戦略をもっているのは、エイズの原因ウイルスであるヒト免疫不全ウイルス（ＨＩＶ）と言えよう。ウイルス自身の伝播力は非常に弱く、ヒトからヒトへの伝播は注射や性行為などの人為的な要因で起こるだけであり、伝播の面では非常に劣っているウイルスである。

ＨＩＶの巧妙さは、感染後の増殖のしかたにある。ＨＩＶは感染したヒトのリンパ組織で増殖し、細胞のＤＮＡの中に組み込まれる。ここで、感染したヒトの遺伝子と同じ状態になって潜伏する。ウイルスは増殖を続けるが、免疫反応によって抗体ができるとウイルスの変異が起こり、抗体による不活化から免れるようになる。この繰り返しによって、ウイルスは数年にわたってヒトの体内で増殖を続ける。この長い潜伏期間は、多くのヒトへの感染の拡大を可能にする。エイズが世界的に蔓延したのはこのためである。

感染から数年たつと、リンパ組織の機能が破壊されて免疫不全の状態になり、通常であれば問題のないほかの感染症にかかりやすくなる。これを日和見感染と言い、ふつうは無害な細菌、ウイルス、寄生虫などの感染で重い症状が出てくる。これらが進行して、最後は死に至る。ＨＩＶそのものが死亡の原因になるのはエイズ脳症などの限られた場合であり、多くの患者は日和見感染や腫瘍が要因となって死亡するのである。

二〇一九年末に出現した新型コロナウイルスも、器用なウイルスの一例と言える。このウイルスについては、第3章で解説する。

3　なぜ、どのように病気が起きるのか

そもそもウイルスに感染するとなぜ病気になるのだろうか。ウイルス感染症の発病メカニズムは、ウイルス学が著しく進歩した現在でも、実はほとんどわかっていない。

ウイルスを病原体として見ていると忘れがちだが、ウイルスに感染すると必ず病気になる（症状に気付く）とは限らない。たとえばポリオウイルスは、ヒトの体内に入るとまずは腸で増殖する。しかし、それだけでは病気は起こさない。ほとんどのヒトは、ポリオウイルスに感染しても、それと気付かずに治ってしまっているのである。ところが、なんらかの理由でポリオウイルスが消化器から脊髄の神経細胞に入ると、神経細胞を破壊してポリオに典型的な麻痺症状を起こす。だが、どのようにしてウイルスが消化器から脊髄に入るのかは、ほとんどわかっていない。

ウイルスがヒトの身体の中でどのように広がり、どのように増えて病気を起こすのか。それを知るための実験を人間で行うことは不可能である。したがって、実験動物で行わなければならない。実験

で一番よく利用されるのはマウスだが、ヒトのウイルスの多くは、困ったことにマウスでは増えない。ウイルスの研究でもっとも理想的な実験系は、そのウイルスの自然宿主を用いることである。マウスの場合で詳しく研究されているのは、マウスを自然宿主として病気を起こすウイルスについてである。ところが、このようなウイルスは健康なマウス集団にウイルス感染を広げる危険性が高いため、ほかの研究者からは彼らのマウスに病気を広める恐れがあるとして敬遠されることが多い。そのため、マウスにマウスウイルスを接種するという研究は、世界的にもごくわずかなグループに限って行われていた。その代表的なものに、リンパ球性脈絡髄膜炎（ＬＣＭ）ウイルスがある。このウイルスは、初期のウイルス学、免疫学の研究に大きな貢献を果たしてきた。少し長くなるがその一面を紹介しておこう。

生まれてすぐにＬＣＭウイルスに感染したマウスでは、ウイルスが一生にわたって血液の中に多量に存在しており、その一方で、ウイルスに対する抗体も作られている。ところがこの抗体は、普通の抗体とは異なり、ウイルスを中和して不活化する能力を欠いている。そのため、マウスの体内ではウイルスと抗体の両方が存在することになる。ウイルスと抗体が結合し、それが雪だるま式に大きくなると、腎臓や血管の壁にたまり始め、その結果、年をとったマウスは腎炎や血管炎になる。これはヒトの自己免疫病によく似ているため、この分野の研究に非常に役立ってきた。また、ウイルスに感染していないおとなのマウスの脳にこのウイルスを接種すると、一〇〇％の頻度で致死的な脳炎を起こす。これは、ウイルス感染細胞を破壊するリンパ球の働きによる。ウイルスではなく、リンパ球が脳の細胞を破壊してしまうのだ。

ＬＣＭウイルスはマウスの培養細胞に感染しても細胞を破壊しない。にもかかわらず、このウイルスに感染したマウスが致死的な脳炎を起こすのはなぜか。この素朴な疑問について研究を行ったのは、オーストラリア国立大学ジョン・カーティン医学研究所のピーター・ドハーティとロルフ・ツィンカーナーゲルである。一九七〇年代のことであった。その結果、リンパ球による細胞破壊が脳に炎症を起こす原因であって、しかも、そのリンパ球はウイルスのような異物だけでなく、自己の特定の抗原も認識しているという思いがけない事実を見出した(4)。

この発見は、その後、免疫学の概念を大幅に変える画期的なものとなり、彼らは一九九六年にノーベル賞を与えられた。ＬＣＭウイルス感染マウスという、自然感染モデルゆえに得られた研究成果と言えよう。

では、ヒトの発症メカニズムはどう調べればよいのだろうか。ウイルス感染によるヒトの発病についての研究には、霊長類の中でヒトにもっとも近いサルを用いるのが最適と考えられている。たとえば麻疹は、患者の咳などに混じって出てくる麻疹ウイルスを吸い込むことで感染する。肺で増えたウイルスはリンパ球に感染し、血液中に流れ出して全身に広がり、麻疹に特徴的な皮膚の発疹、熱などの症状が出てくる。こうした発病機構が明らかになったのは一九六〇年代前半であり、サルで麻疹ウイルスがどのように増えて病気を起こすのかについての精力的な研究の成果であった。

さきほどの問いを言い換えてみよう。ウイルスが体内で増えると、なぜいろいろな症状が出てくるのだろうか。先に述べたように実験的な証拠が少ないため、ほとんどが推測の域を出ず、説明はどうしても歯切れの悪いものになってしまうが、簡単に紹介してみよう。

麻疹、風疹をはじめとする多くのウイルス感染では、発疹が特徴的な症状である。これは、ウイルスが増えている皮膚の粘膜の組織で免疫反応の結果として起きてくると考えられている。細胞にウイルスが感染すると、その感染した細胞を破壊してウイルスを排除しようとリンパ球などが集まってきて、さまざまな免疫反応を引き起こす。その結果出てくるものが発疹というわけである。元来は防御反応である免疫だが、この場合は、発疹という病変の形で認められるのである。

免疫反応はもともと両刃の剣の性質をもっている。われわれにとってプラスの面はよく知られているが、度を越すとマイナスの面が浮き彫りになってくる。確かに、ウイルスを排除するにはウイルスに感染した細胞を破壊しなければならない。だが、その時破壊されるのは自分の身体の一部である。その結果、発疹ができた場合は、最後はかさぶたができて、免疫反応で破壊された皮膚の細胞は脱落する。皮膚の細胞はすぐに再生してくるので、元どおりきれいに治癒するわけである。

一方、ウイルスによる脳炎はしばしば致命的になるか、後遺症を残すことが多い。脳炎の場合も、免疫反応によって起こると考えられている。マウスでの実験だが、脳炎を起こしたマウスの脳からは免疫反応の担い手であるリンパ球が検出される一方で、免疫反応が起こらない状態のマウスは脳炎を起こさないことが明らかにされている。ヒトではこのような実験は不可能だが、病気の性質を考えると、同様のメカニズムがヒトのいくつかの脳炎の原因になっているらしい。

たとえば、日本脳炎ウイルスは脳の神経細胞の中で増える。そこで、免疫反応が脳の感染細胞を破壊しようとする。これは防御反応そのものである。ところが、壊される神経細胞は自分の身体の一部であり、しかも神経細胞は一度破壊されると皮膚の細胞のようには再生してこない。したがって、防御反応で神経細胞が壊されると、ウイルスは排除されるが同時に神経細胞の機能も破壊され、その程度が激しいと神経麻痺のような脳炎の症状となって現れることになる。

とくに問題になっているのは、サイトカインストームと呼ばれる病態である。元は一九九〇年代初めに臓器移植の際に起こる激しい免疫反応に付けられた名称だが、ウイルス感染でも起きていると考えられるようになった。サイトカインとは、インターフェロンなど、感染細胞から放出される一群の生理活性物質で、侵入してくるウイルスに対する自然免疫の担い手になっている。このサイトカインの過剰な産生により、逆に全身の臓器に障害を与えるようになった場合がサイトカインストームである。つまり、免疫の暴走である。これが、インフルエンザをはじめ、ＳＡＲＳや新型コロナウイルス感染症などで重症化の原因になっていると言われている[5]。

4 発見までの道のり

人類は気付かないままに、長い間ウイルスと共生してきた。その長い歴史の中で、ウイルスの実体は、人間の目にはなかなかとらえられなかった。では、ウイルスはいつどのようにして発見されたのであろうか。ウイルスがさまざまな生物から発見されるまでの、研究者たちの貢献を見ていこう。

ウイルスの発見に先行して、まず細菌の発見があった。十九世紀の最後の二五年間は、いわゆる「細菌の狩人の時代」である。一八七三年のらい菌の分離に始まり、淋菌（一八七九）、腸チフス菌（一八八〇）、結核菌（一八八二）、コレラ菌（一八八三）、ジフテリア菌（一八八四）、大腸菌（一八八六）、破傷風菌（一八八九）と、多くの細菌が次々と分離され、それまで原因不明であった伝染病の本体が明らかにされてきた。

これに続いて二十世紀直前から、「ウイルスの狩人の時代」が始まった。すでにジフテリア菌の分離で有名になっていたドイツのフリードリヒ・レフラーは、パウル・フロッシュとともに、家畜の急性伝染病である口蹄疫のワクチンを開発するため、原因菌の分離を試みていた。これは、名前の通りウシなどの口と蹄（ひづめ）に潰瘍病変ができるのが特徴で、致死率はそれほど高くないが、これにかかると乳が出なくなるため、産業動物としての価値はゼロになる。非常に強い伝播力をもつため、現在でも家畜伝染病の中で国際的にもっとも重要視されている。日本でも二〇一〇年に宮崎県で発生し、約三〇万頭のウシやブタが殺処分された。

口蹄疫は畜産における大きな脅威であったため、十九世紀末、ドイツ政府はレフラーをリーダーとした研究班を組織して、流行防止対策の研究にあたらせた。彼らは、病気のウシの口と乳房の水疱から採取した新鮮な液体物を、直接子ウシに接種する実験を行っていた。その際、この液体物を細菌を通過させないフィルターを用いて濾過しても、子ウシに病気を起こすことを見出した。

考えられるあらゆる可能性を検討した結果、彼らはこう結論した。細菌フィルターを通過することのできる細菌よりも小さい濾過性ウイルスが、体重二〇〇キロもある子ウシを発病させる驚異の活性を示す、と考えたのである。これが、ウイルスの最初の発見である。一八九八年のことであった。さらに彼らは、天然痘、牛疫、麻疹なども同様に、濾過性のウイルスによるものであるという推論まで行った。このような明白な結論が得られたのは、口蹄疫が家畜の急性伝染病で、実際に牛の感染実験を行うことができ、しかも非常に特徴的な水疱の病変を作る病気であることによっていた。

レフラーらによるウイルス発見の前、実は一八九二年に、同じ結果を得ていた研究者がいた。タバコモザイク病の研究を行っていた、ロシアのイワノフスキーである。タバコモザイク病はタバコの葉に斑点ができる病気で、これにかかるとタバコの葉としての商品価値がなくなるため、栽培者から恐れられていた。イワノフスキーは、病気になったタバコの葉をすりつぶした液体が、細菌フィルターを通してもタバコに病気を引き起こせることを発見していた。そのため、彼が最初のウイルスの発見者であるという見方もある。しかし、彼はフィルターを通過したものは病原体そのものではなく、細菌の毒素であると考えていたため、これがウイルスの発見とはみなされていない。

ウイルスの発見をめぐってはもうひとり、記憶されるべき人物がいる。やはりタバコモザイク病の研究に取り組んでいた、オランダのベイエリンクである。彼は、病気のタバコの葉から絞った液が、細菌を通さない素焼きのフィルターで濾過したあとも、健康なタバコに病気を起こせることを見出した。一八九八年、口蹄疫ウイルス発見と同じ年のことである。この時、彼はイワノフスキーの研究は知らなかった。

ベイエリンクはこの病原体をウイルスと呼び、これが増殖するのは植物の細胞内であるという、ウイルスのもっとも基本的な性質も見抜いていた。だが、このような細胞内での増殖は、拡散する性質があるため、すなわち液状であるためと考え、「可溶性微生物」と表現した。ウイルスは液体ではなく、粒子の形で存在し自己増殖するものなので、今日のウイルスに相当する概念とは異なる解釈をしたことになる(6)。

これほどの業績にもかかわらず、彼らが同時代のパスツールやコッホほど有名でないのは、研究対象がタバコの病気で、ヒトや家畜の病気のように人目を引くものではなかったためと言われている。ともかく、濾過性の病原体であるウイルスの存在は、家畜と植物の世界でまず発見された。これは、動物や植物に病気が起こるかどうかを、実験という科学的な方法によって実際に確かめることができたためである。すなわち、病気を起こす能力こそが、ウイルスの存在の唯一の目印であった。ゆえに、ヒトのウイルスの存在を明らかにすることは容易ではなかった。では、ウイルスがヒトに病気を起こす能力があるかどうかは、どのように確かめられてきたのだろうか。

二十世紀に入って間もない一九〇二年、ひとつの人体実験が道を開くことになった。きっかけは黄熱である。

黄熱は熱帯病の中でももっとも恐れられていた病気である。とくに猛威を振るったのは中南米とカリブ諸島だが、米国の海岸地帯へも侵入した。一七九〇年から一九〇〇年の間に、米国では少なくとも五〇万人の患者が出たと言われている。一八九八年、キューバ独立問題にからんで米国とスペインの間に戦争が起きた際には、キューバに駐留した米軍兵士に一五七五名の患者が出て、二三一名が死亡した。

この事態に対して、一九〇〇年、陸軍軍医学校の細菌学教授ウォルター・リードをリーダーとする研究班がワシントンからキューバに派遣された。流行の状況を観察した結果、カが媒介している可能性が高いことが突き止められ、患者の血を吸ったカに健康者を刺させるという人体実験の必要性が指摘された。この実験には、初めに研究班員のひとりだった昆虫学者が志願し、続いて研究班から七名の志願者が参加したが、この段階では何事も起こらなかった。

しかし、その次に志願した細菌研究者は発病し、瀕死状態にまでなったあと回復した。一方、この間に最初の志願者であった昆虫学者が発病し、死亡する事態が起きた。この発病は実験によるものではなく、野外から飛んできたカに刺されたことが原因と考えられた。実験はテントとバラックでできた仮設の施設で行われていたため、自然感染が起きた可能性もあったのである。

そこで、自然感染を確実に起こしていない、健康な兵士での実験が必要であることがわかり、当局はこの危険な実験への志願を呼びかけた。報酬は二〇〇ないし三〇〇ドルという、当時としてはかなりの額であった。こうして志願者の兵士による実験が四カ月にわたって繰り返され、翌年、黄熱がネッタイシマカによって媒介される伝染病であることが報告された。

当時、黄熱は細菌によるという説が根強かったが、二～三年前に発表されていた口蹄疫の研究成績を参考に、ひとつの実験が行われた。黄熱の患者の血液を細菌フィルターで濾過したのち、三人の志願者に皮下注射したところ、このうち二名が黄熱になった。このことから、黄熱が濾過性の病原体によるものであることが初めて示された。一九〇二年のことである。しかし、一回だけの人体実験では科学的証明とは受けとめられず、黄熱がウイルスによる伝染病であることが認められたのは、一九二九年、ストークスが発表したアカゲザルでの実験成績に基づいてのことであった。しかし、彼自身はその論文が世に発表される前に、黄熱に感染して死亡していた。(6)

その間に、黄熱の病原体を追って三四名が実験室内感染を起こし、そのうち六名が死亡している。わが国の野口英世もそのひとりである。彼は、黄熱は梅毒と同じくスピロヘータによるものと信じて研究を続け、アフリカのガーナで黄熱に感染して死亡した。

動物の病気の世界では、レフラーの発見に続いて、一九〇二年にウシの急性伝染病である牛疫が、ついで狂犬病がウイルスによるものであることが明らかにされた。一九〇八年にはニワトリに白血病を起こすウイルス、一九一一年にはニワトリの肉腫の原因ウイルスが分離され、後者は発見者の名前をとってラウス肉腫ウイルスと命名された。このウイルスは、癌ウイルスの研究の進展のもととなったが、当初はウイルスによって癌が起きるという考えは受け入れられず、ラウスがノーベル賞を与えられたのは半世紀以上も後の一九六六年であった。

ヒトの伝染病においても、動物実験によってウイルスが発見されてきた。一九〇八年、ラントシュタイナーは、たまたま梅毒の実験で使い残していたサルにポリオで死亡した少年の脊髄の乳剤を注射して、サルにポリオを起こさせることに成功した。翌年には、細菌フィルターを通過させても同じ結果になることを見出し、ポリオを起こす病原体がウイルスであることを明らかにした。

ウイルス発見のこうした初期の時代を経て、ヒトを含めた数多くの動物のウイルス、植物のウイルスが次々と見出されてきた。さらにまた、細菌を宿主とするウイルスも発見されるようになった。細菌も自前の代謝系をもつ細胞であり、ウイルスの増殖の場になるためである。

5　研究手段の変遷

すでに述べたように、ウイルスの存在は病気を目印として見出されてきた。だが、病気があるからと言って、ウイルスの存在が容易に確認できたわけではなかった。むしろ、感染症研究の歴史においてもて人類がウイルスの存在を知ったのは、ついこの間と言ってもよい。

ジェンナーが種痘を最初に試みたのは、一七九六年である。当時、ウイルスの概念はまだ生まれていなかったが、伝染性の病原体が存在することははっきり認識されていた。約九〇年後、パスツールは狂犬病のワクチンを開発したが、その頃は「細菌の狩人の時代」であり、やはりその正体はわかっていなかった。だが、ウイルスの存在を知らずとも、ジェンナーの天然痘ワクチンやパスツールの狂犬病ワクチンはつい最近まで世界中で使用され、天然痘や狂犬病から人類を守ってきた。

細菌感染が疑われる病気では、細菌を寒天培養基の中で純粋に培養し、そこから得られた細菌が実際に実験動物で同じ病気を起こすことを証明するという方法で原因解明が行われてきた。細菌学から出発したウイルス学の領域でも、原因ウイルスの分離が十九世紀末から始まった。

前述のように、最初にウイルスの分離に成功したのは、ウシの口蹄疫という病気においてである。病気の水疱から採取した液体を健康な子ウシに接種すると口蹄疫に特徴的な皮膚の病変が数日で出現することから、病原体（ウイルス）の存在が初めて確認できた。自然宿主の動物を用いたこと、感染後、数日という短期間に起こる急性伝染病であったことが、分離に成功した要因と言える。

その後、数多くのウイルスが分離されたが、そのほとんどは重症の、しかも急性に経過する伝染病においてであった。最初はマウスやモルモットなどの実験動物に、患者または発病した家畜などからの材料を接種し病気を再現することで、ウイルスの分離は確認された。つまり、動物の発病がウイルスの存在の指標となっていた。見方を変えれば、ウイルス分離の試みは、ウイルスを増殖させる手段の開発そのものと言える。それは、自然宿主でしか増えないウイルスを実験室で扱えるよう飼いならす試みでもあった。

ウイルスの研究は、このようにして動物で始まった。しかし、数多くの動物を用いることは困難であった。しかも動物のウイルスに対する感受性に個体差があることや、ウイルスによってはすでに感染してしまっている（抗体を持っており、症状を示さない）動物も混じる場合があることから、実験成績は不安定だった。

この欠点を補うものとして登場したのが、動物の代わりに孵化鶏卵を用いる方法である。これは一九三一年に、米国のウッドラフとグッドパスチャーにより発表され、その後、ウイルス研究の重要な手段となった。

彼らが用いた鶏痘ウイルスは、ヒトの天然痘ウイルスに相当するニワトリのウイルスである。ニワトリの卵は二一日で孵化するが、その途中、一二日前後になると、卵の殻の膜の下に漿尿膜がはっきりしてくる。これはニワトリ胎児（胚）を包む膜で、血管に富んだ組織である（図3参照）。この膜の上に鶏痘ウイルスを加えると、二〜三日でウイルス感染した場所の組織が増殖したウイルスの作用で盛り上がり、斑点として見えてくる。

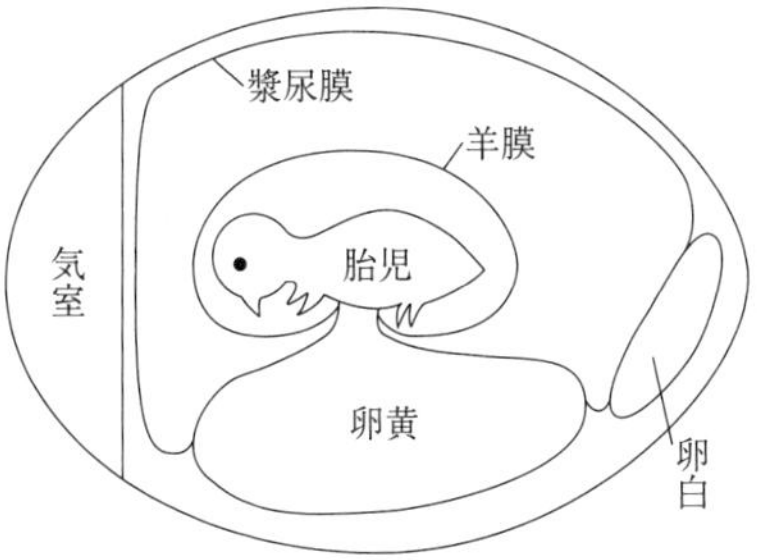

図3　漿尿膜

この斑点の数は接種材料の中に含まれるウイルスの量を反映して

いる。こうして、それまでは実験動物を使って行っていたウイルス研究に、卵という単純な宿主が利用できるようになった。孵化鶏卵を用いる方法は、その後いろいろと改善され、多くのウイルスで利用されるようになった。現在でもインフルエンザウイルスの分離やインフルエンザワクチンの製造には、孵化鶏卵が用いられている。(7)

私が北里研究所に入って最初に行ったのは天然痘ワクチンの耐熱性の改善であった。そしてそれと並行して、耐熱性の鶏痘ワクチンの開発研究も行った。そこでは、この孵化鶏卵が重要な実験手段であった。なおこの孵化鶏卵の方法はウイルス研究には非常に役立ったが、あまりにも便利であったため、ウイルス増殖をほかの組織で試みる努力がなされず、そのために培養細胞の実験系が生まれるのが遅れたともみなされている。

培養細胞でのウイルス研究の道を開いたのは、米国のジョン・エンダースである。一九四九年、彼はヒトの胎児の腎臓などの細胞培養でポリオウイルスを増殖させることに成功し、ウイルス感染細胞の破壊を指標として、ウイルスの量の測定が可能であると発表した。

続いて一九五四年には、同じ方法で麻疹患者から麻疹ウイルスを分離した。エンダースが分離した麻疹ウイルスがもとになって、その数年後、麻疹ワクチンが開発された。エンダースは、組織培養によるポリオウイルスの研究に対して、一九五四年にノーベル賞が与えられた。

ここで初めて、動物や孵化鶏卵ではなく、試験管内の培養細胞でウイルスを研究できるようになった。一方、細菌を宿主とするウイルス（バクテリオファージ。通常ファージと呼ばれる）の定量法はすでに開発され、広く利用されていた。ファージは細菌を破壊するため、全面に細菌が増殖しているシャーレにファージのサンプルを接種すると、ファージの増えた部分では細菌が破壊されて穴（プラーク）があく。このプラークの数から、バクテリオファージの量を測定するという方法であった。

ウイルスを定量的に取り扱うという点では、ファージの分野のほうが先行していたのである。この方法を、ダルベッコが培養細胞でのウイルス感染に応用して、ウイルスの細胞破壊による細胞の穴（プラーク）の数からウイルスを定量する方法を開発し、一九五二年に発表した。動物や孵化鶏卵でのウイルスの量の測定に苦労していた私たちにとって、この方法はまさに夢のような話であった。六一年に米国カリフォルニア大学に留学してからは、私自身もこの方法を用いるようになった。

動物から孵化鶏卵、そして培養細胞へとウイルス研究の舞台は変化していったが、いずれにしてもウイルスの存在が細胞破壊の有無から、すなわち細胞病原性の有無から推定されてきた点では共通している。ウイルスの存在の確認やウイルスの量の測定など、ウイルスのいろいろな性状の研究はすべて、動物での病原性や細胞での病原性を目印に行われてきたのである。

細菌よりも小さなウイルス粒子を見るには、電子顕微鏡で数万倍に拡大しなければならず、しかもウイルス粒子だけを精製するには繁雑な操作が必要とされる。そのため、電子顕微鏡はウイルス粒子の形を調べる目的でもっぱら用いられ、ウイルスの量の測定などには用いることはできなかった。ウイルスの研究は、ウイルスが動物や細胞に病気を引き起こす能力という間接的な目印によって行われてきたのである。ウイルス研究の手段は大きく進歩したが、ウイルスそのものではなく、ウイルスの病気を起こす能力、すなわち生物活性を目印として、間接的にウイルスの存在を理解してきたと言えよう。

一九七〇年代前半に登場した組換えDNA技術によって、ウイルスのいわば化学構造式とも言える遺伝子配列がわかるようになり、さらに遺伝子配列からタンパク質構造も推定できるようになった。物質としてのウイルスの性状の研究が進み始め、それまで病原性（生物活性）が中心であったウイルス研究は、核酸やタンパク質といった物質を中心とした内容へと変わっていった。二十一世紀に入ると、次世代シークエンサーが広く用いられるようになり、ウイルスのゲノム（全遺伝情報）が短期間でわかるようになった。ウイルス学の新しい時代が始まったと言えよう。

突然出現したウイルスの場合、新たなウイルスであることを確認し、ウイルスを分離、解析する、というウイルス研究の過程を急いでたどる必要がある。数々の新型ウイルスに対して、人類がどう対応してきたかを見ていこう。

第2章　エマージングウイルスの系譜

1　動物由来感染症とエマージング感染症

動物由来感染症

ヒトの間で広がる伝染病の中には、ヒトに由来する病気だけでなく、動物に由来する病気も数多くある。これらはかつては「人獣共通感染症」と呼ばれることが多かったが、ほぼ動物からヒトに感染する病気を指しており、ヒトから動物への感染は含まれていない。そのため、本書では動物由来感染症という名称を用いることにする。動物由来感染症として、現在までに二〇〇種類以上の病気が明らかになっている。病気を起こす原因となるもの、つまり病原体の種類はさまざまで、ウイルス、リケッチア、クラミジア、細菌、かび、原虫などに分類される。

動物由来感染症はけっして新しい概念ではない。人類の歴史を振り返ると、人間は狩猟によって、ついで野生動物の家畜化を通じて、多くの動物種と同じ土地に住むようになった。それとともに動物から人間に感染する病原体が現れ始め、人間はその正体を知らないまま、動物の取り扱いについて知識や知恵を育て、それを社会化、制度化してきた。古代から、法律、宗教的文書、言い伝え、迷信などで、特定の動物や動物の肉に注意をうながすものは少なくない。たとえば『旧約聖書』もそのひとつである。「レビ記」や「申命記」では、動物の肉について食べてよいものや食べてはならないものを具体的にあげ、イノシシ、ラクダ、ウサギなどの肉は食べてはならないと戒めている。これは、今でいえば公衆衛生の思想であろう。紀元前の時代から、動物由来感染症の概念は広く存在していたものと思われる。

動物由来感染症という用語は、もともとは英語のズーノーシス（zoonosis）の翻訳である。その語源はギリシャ語の zoon（動物）と nosos（病気）で、ギリシャ語をそのまま訳せば「動物の病気」である。この言葉はドイツで生まれたらしく、ドイツでは十九世紀半ばまで何世紀にもわたって用いられていた。当初は動物の病気を意味していたが、やがて範囲が広がって、動物からヒトが感染する病気も意味するようになった。記録によれば、ドイツのある医師が、肉屋を営む患者の悪性の化膿病変について「これはヒトの病気ではなく動物の病気、すなわち zoonose だ」と所見を述べている例が見られる。また、一八六三年に出版された『獣医学辞典』（*Dictionary of Veterinary Medicine*）では、「動物の病気のほかに動物からヒトが感染する病気」と述べられている。これが、現在では後者だけを意味するようになったのである。

一九五八年、WHOとFAOはズーノーシスに関する専門家委員会の会議で、語源学としては不正確であるが、と前置きしたうえで、次のように定義している。それによれば、ズーノーシスとは「脊椎動物とヒトの間で自然の状態で伝播される病気と感染をいう」。この定義は、ヒトを脊椎動物一般と対置しており、ヒトを特別な脊椎動物として位置づけている。こうした人間中心の視点に立ってみると、動物由来感染症は、医学と獣医学の協力がきわめて重要な、現代社会の公衆衛生に関わる領域であると言える。

このWHOとFAOの定義については、その後の一九六六年の会議で、この表現では範囲が広すぎ、毒素や毒物などの非感染性の物質による病気やヒトから動物へと感染する病気まで含まれてしまうという欠点が指摘された。だが、特に表現の変更はなされなかった[1]。定義の表現はあいまいなまま、実際には動物からヒトへの感染のみをズーノーシスと呼ぶようになり、今日に至っている。なお、辞書の『ウェブスター』では、ズーノーシスを「動物からヒトへ伝染する病気」と述べている（*Webster's Third New International Dictionary*, 1993）。なお、逆にヒトから動物へ伝染する病気については、アンソロポノーシス（anthroponosis）という用語がある。これはギリシャ語のアンソロポス（anthropos：人）に由来する。

エマージング感染症

このように、動物由来感染症は古くからあるものである。その一部が「エマージング感染症」と呼ばれるようになったのは、プロローグでも紹介したように、一九九三年に開催された、エマージング感染症の国際監視計画（Program for Monitoring Emerging Infectious Diseases：ProMED）についての会議で、最近になって新しく出現（エマージング）または再出現（リエマージング）した感染症に対する、地球規模での監視体制の確立が勧告された時からであった。

これがきっかけとなって、エマージング感染症（Emerging Infectious Diseases）という言葉が普及し始めたと言ってよい。そして、このような勧告がなされたことは、感染症をめぐる当時の情勢の変化がいかに重大なものであったかを物語っていた。

一九八〇年の天然痘の根絶や、それに続くポリオ、麻疹などの根絶計画によって人々が抱いていた楽観とは裏腹に、一九八一年、突然エイズが出現した。それと前後する形で、エボラ出血熱、カニクイザルのエボラウイルス感染、ハンタウイルス肺症候群など、これまでになかった新しい感染症が年を追うごとに次々と出現した。これらはウイルスによる感染症であるが、細菌感染症である新型コレラ菌O139、腸管出血性大腸菌O157などまで含めれば、その数はさらに増す。これらの感染症の出現を通じて、社会は依然として感染症に対して脆弱であるという危機感が共有され、プロローグで記した声明につながったのである。

ただし、前述の通り感染症の出現自体は目新しいことではなく、有史以来続いてきたことである。したがって、何をもってエマージング感染症とみなすかについては、人によって多様な受けとめ方がある。エマージング感染症についての国際的リーダーであるスティーブ（スティーブン）・モースは、次のように定義している。彼によれば、エマージング感染症とは、「新しく集団の中に出現した感染症（新規に出現）、またはそれまでも存在していたが急速に発生頻度または発生場所を増加させている感染症（再出現）」である。

なお、プロローグにあるように、厚生労働省では新興・再興感染症という和訳を用いているが、本書ではエマージング感染症、リエマージング感染症という表現を用いることにする。

エマージング感染症の中でもウイルスによるものは、エボラ出血熱に代表されるように、高い致死率や激しい症状などから世界中の人々に大きな衝撃を与え、関心を引いてきた。近年のエマージングウイルスの代表的なものをリストアップしてみると、**表1**のようになる。ほとんどは、前に述べた動物由来感染症そのものである。

本来、ウイルスは、それぞれの自然宿主である野生動物を棲みかとして存続を図っている。エマージングウイルスとして問題になっている強毒性のウイルスの多くも、その自然宿主においては病気を起こすことなく、平和な共存関係を保っている。

一方、世界的な人口増加、森林破壊、都市化など、人間の社会活動はたえまない拡大を続けてきた。その結果、野生動物を隠れ家とするウイルスの生活環境に、人間が入り込むことになった。ウイルスが現代社会に侵入しているというよりも、むしろ、人知れず存続してきたウイルスを、現代社会が新たに招き入れているのである。次の節からは、七つの事例を通して、エマージングウイルスがどのように社会に出現し、そして人類がどのように対応してきたかを見ていこう。

	病気	病原体	自然宿主	備考
一九五七	アルゼンチン出血熱	フニンウイルス	アルゼンチンヨルマウス	
一九五九	ボリビア出血熱	マチュポウイルス	ブラジルヨルマウス	
一九六七	マールブルグ病	マールブルグウイルス	コウモリ	輸入ミドリザル
一九六九	ラッサ熱	ラッサウイルス	マストミス	
一九六九	急性出血性結膜炎	エンテロウイルス70	ヒト	別名「アポロ11病」
一九七六	エボラ出血熱	エボラウイルス	オオコウモリ	ザイール、スーダンで発生
一九七七	リフトバレー熱 ※	リフトバレーウイルス	ヒツジ、ヤギ、ウシ	エジプトで大流行
一九七九	エボラ出血熱	エボラウイルス	オオコウモリ	スーダンでの発生
一九八〇	成人T細胞白血病	HTLV－1	ヒト	日本、カリブ海の地方病
一九八一	エイズ	ヒト免疫不全ウイルス	ヒト	
一九八三	E型肝炎	E型肝炎ウイルス	ヒト	
一九八八	突発性発疹	ヒトヘルペスウイルス6型	ヒト	
一九八九	C型肝炎	C型肝炎ウイルス	ヒト	
一九八九	エボラウイルス感染	エボラウイルス・レストン株	オオコウモリ	輸入サルで致死的感染
一九九一	ベネズエラ出血熱	グアナリトウイルス	コットンラット	
一九九三	リフトバレー熱 ※	リフトバレーウイルス	ヒツジ、ヤギ、ウシ	エジプトで再流行
一九九三	ハンタウイルス肺症候群	ハンタウイルス（シンノンブレウイルス）	シカネズミ	
一九九四	エボラ出血熱 ※	エボラウイルス	オオコウモリ	コートジボアールで研究者が感染
一九九四	ヘンドラウイルス病	ヘンドラウイルス	オオコウモリ	ウマとヒトの致死的感染
一九九四	ブラジル出血熱	サビアウイルス	ヨルマウス	
一九九五	エボラ出血熱 ※	エボラウイルス	オオコウモリ	ザイールでの大流行

表1　過去60年の代表的なエマージングウイルス感染症（※はリエマージング感染症）

一九九六	エボラ出血熱※	エボラウイルス	オオコウモリ	ガボンでの流行
一九九六	エボラ出血熱※	エボラウイルス	オオコウモリ	南アフリカでの発生
一九九七	リフトバレー熱※	リフトバレーウイルス	ヒツジ、ヤギ、ウシ	ケニア、ソマリアでの発生
一九九七	トリインフルエンザ	トリインフルエンザウイルス	トリ	香港での発生
一九九八〜九九	ニパウイルス脳炎	ニパウイルス	オオコウモリ	マレーシアでの発生
一九九九	マールブルグ病※	マールブルグウイルス	コウモリ	コンゴ民主共和国での発生
一九九九	ウエストナイル熱	ウエストナイルウイルス	トリ	ニューヨークでの発生
二〇〇〇	新型アレナウイルス感染	ホワイトウォーターアロヤウイルス	ノドジロウッドラット	カリフォルニアでの発生
二〇〇〇	エボラ出血熱※	エボラウイルス	オオコウモリ	ウガンダで発生
二〇〇一	エボラ出血熱※	エボラウイルス	オオコウモリ	ガボンとコンゴ民主共和国で発生
二〇〇二〜〇三	重症急性呼吸器症候群（SARS）	コロナウイルス	コウモリ	
二〇〇九〜一〇	新型インフルエンザ	インフルエンザウイルスA（H1N1）	ブタ	世界的流行
二〇一二	中東呼吸器症候群（MERS）	コロナウイルス	コウモリ	
二〇一三〜一四	エボラ出血熱※	エボラウイルス	オオコウモリ	西アフリカで大流行
二〇一五	ジカ熱	ジカウイルス	サル	蚊が媒介。ブラジルで発生
二〇一八〜一九	エボラ出血熱	エボラウイルス	オオコウモリ	コンゴ民主共和国で大流行
二〇一八	ニパウイルス脳炎	ニパウイルス	オオコウモリ	インドでの発生
二〇一九〜	新型コロナウイルス感染症（COVID-19）	コロナウイルス	コウモリ	世界的流行

2　マールブルグ病

ミドリザルからの感染

一九六七年夏、私たちウイルス研究者にとって衝撃的なニュースが飛び込んできた。西ドイツのマールブルグとフランクフルトで、研究所職員らがミドリザルから致死的出血熱に感染し、死亡したという。それ以上の詳細はわからない。マスコミは原因不明のミドリザル病として大々的に報道した。ミドリザルは、かねてから私たちの研究活動に欠かせない動物であった。致死的感染が起きたとすれば、われわれも同じ危険にさらされているのかもしれなかった。

当時、私は国立予防衛生研究所（予研・現在の国立感染症研究所）で、麻疹ウイルス研究と麻疹ワクチンの国家検定に取り組んでいた。サルはこれらの研究には不可欠な実験動物である。サルを扱う研究者として、私たちはサルに由来する実験室感染についてそれなりの心得も関心も持っていた。その中には、Ｂウイルス病といった致死的な感染症も含まれている（コラム１参照）。したがって、感染予防の対策は踏まえていた。だが、西ドイツで起きた事態は、私たち研究者にとってもそれが未知の感染症であることをうかがわせるものだった。

現在とは違い、インターネットなどの国際情報網はない時代である。ＷＨＯから発表される公式情報のほか、サルの輸入業者などからのテレックスといった非公式情報を含めても、入手できる情報はごく限られていた。事態を把握するのに苦労したことを思い出す。

八月八日の最初の発生から一カ月を経て、医学的データがしだいに明らかになってきた。しかし、原因はまったく不明で、未知のウイルスによるものであること、ミドリザルが感染源であるということ以外、何もわからない。一方、ユーゴスラビアのベオグラードでも、同じ輸入ルートのミドリザルから感染が起きていたことが判明した。感染源となったミドリザルについての詳しい情報が米国の疾病制圧予防センター（CDC）からもたらされたのは、十一月になってからであった。

当時、私のいた予研では、実験用のサルが輸入されると、ツベルクリン反応による結核の検査、Bウイルス感染を疑わせるような口腔粘膜のヘルペス潰瘍の有無、糞便についての赤痢菌の検査などを含め、九週間にわたる検疫を行い、それを通過した後にはじめてサルを実験に用いるシステムを採用していた。この方法は、その後WHOが一九七一年に決定した六週間の検疫よりも、さらに厳しい検疫システムだった。しかし、もしもこのミドリザル病に感染したミドリザルが輸入されたなら、この検疫を行うシステムそのものが実験者を危険にさらすことになる。

私がまとめ役を務めていた実験動物委員会のサル部会で、さっそく緊急対策が検討された。西ドイツのケースでは、感染源となったミドリザルがすべて二週間以内に発病・死亡していることから、輸入後最初の四週間は給餌などの最低限の作業にとどめ、ミドリザルとの接触の機会をできるだけ減らすことにした。もしも感染したサルがいれば、その間に発病するはずである。この厳重な観察期間を終えた後に、ツベルクリン反応など通常の検疫を行うことになった。つまり、ウイルス感染のチェックを経てから通常の検疫を行うという、二段階の検疫システムを導入したのである。

西ドイツで起きた未知のウイルス感染は、その後、経緯や詳細が明らかとなり、さらに原因ウイルスの分離も行われた。致死的出血熱という第一報も衝撃的だったが、新たに判明したいくつかの事実もまた、さらなる波紋や関心を呼んだ。詳細を以下に紹介する。(2)

感染発生の舞台となった西ドイツの二つの研究所、マールブルグのベーリング研究所とフランクフルトのエールリヒ研究所は、いずれもポリオワクチンの製造と検定を行っていた。そのため、一九六〇年代初めから五年間にわたって、アフリカ産の野生のミドリザルが大量に使用されていた。その輸入数は、ベーリング研究所では毎週約一〇〇頭、エールリヒ研究所では一週間おきに約二〇頭に上っていた。

感染源となったミドリザルは、ウガンダ産であった。その足取りをたどると、まずウガンダのエンテベ空港から英国航空でひとまずロンドンに空輸され、そこでいったん王立動物虐待防止協会の管理による動物保護室に入れられた。ここで貨物の積み替えが行われ、ひとつはデュッセルドルフ経由でフランクフルトとマールブルグへ、もうひとつはミュンヘン経由でベオグラードへ運ばれていた。こうしたルートで、一九六七年七月末から八月上旬にかけて、四回にわたって輸入されたものであった。同じ時期、実は東京にも五〇〇頭が運ばれていたのだが、幸い日本に輸入されたサルで感染しているものはいなかった。

これら三カ所の研究所では、サルが輸入されてから二カ月の間に、合わせて三一名の関係者が感染・発病し、そのうち七名が死亡した。致死率は二三％になる。感染はサルの血液や組織を直接取り扱った者だけでなく、腎臓の細胞培養に用いたガラス器具の洗浄に携わった者でも起きた。症状は突然の発汗に始まり、続いて激しい頭痛と筋肉痛が、さらに吐き気、下痢、腹痛が起きた。もっとも特徴的な症状は発病五日目くらいから出てくる発疹で、最初は針先程度の小さな赤黒い斑点が生じ、のちに赤い斑点となり、三、四日で消滅する。死亡した人の場合、ウイルスが血管壁の内側の細胞を破壊し、全身の血管の中で血液凝固が起こったため、内臓出血が引き起こされたとみなされた。これが主な死因と考えられている。

三一名の患者のうち、サルからの一次感染は二五名、あとの六名は二次感染であり、この六名はすべて回復している。二次感染者の多くは、一次感染者の家族に発生している。たとえば、第六番目の二次感染者は女性だが、感染から回復した夫の精液中にウイルスが残っていたため、性交を通じて感染した。これは、発病後八三日目に行った感染者の精液の検査でウイルスが検出されたことから確認された。

西ドイツでの事件から八年後の一九七五年、こんどはアフリカのジンバブエで二度目の発生が起きた。ヒッチハイクで旅行中の二十歳のオーストラリア人の青年が、ある朝川の近くの道端で腰を下ろしていた時に、右足に鋭い痛みを感じた。赤く腫れていたことから、何か虫に刺されたらしいと思ったという。六日後、急にはげしい汗が吹き出し始め、強い倦怠感に襲われた。その四日後、激しい内臓の出血で青年は死亡した。現在では、コウモリに咬まれて感染したと考えられている。

彼が死亡した二日後、一緒に旅行していた十九歳の女友達が続いて発病し、さらに、青年の看護にあたっていた看護師も発病したが、彼女たちは二人とも回復した。この看護師の場合は、患者の青年が死亡した際に、同伴者の女友達の涙をぬぐったティッシュペーパーの始末を手伝っており、涙を介しての感染が疑われている。それ以外に、看護師が青年や女性の排泄物や分泌物と接触した機会はなかった。

原因ウイルスは、前述の回復後の患者の精液と同様に、眼にも長期間存在し、涙の中に出てくる。この看護師は、回復から二カ月後に片方の眼がブドウ膜炎にかかった。ブドウ膜とは、結膜の下から眼球の内側を覆っている膜である。その際に前眼房水（これが眼からあふれると涙になる）を検査したところ、ウイルスが検出された。

［コラム1］　Bウイルス――健康なサルが保有する致死的ウイルス

Bウイルスの名は、われわれ研究者を除くと、一般的にはあまり知られていないかもしれない。だが、マールブルグ、ラッサ、エボラと並ぶ高度危険ウイルスであり、また、動物由来感染症の典型的な例でもある。もともとBウイルスはサルに由来する感染症であるが、サルからヒトへ感染する病気としてもっとも古くから知られ、また、その高い致死率ゆえに恐れられてきた。

Bウイルスは、次のような経緯で見つかった。一九三二年十月、ニューヨーク市衛生局のポリオ研究部長を務めていたカナダ出身のウィリアム・ブレブナーが、実験中にアカゲザルに指を咬まれた。一八日後、彼は急性進行性髄膜脳炎による呼吸困難で死亡した。ニューヨーク・ベルビュー病院のインターンであったアルバート・セービンが剖検を行ってウイルスを分離し、患者のイニシャルをとってBウイルスと命名した。別名、サルヘルペスウイルスとも呼ばれている。なお、セービンは後に、経口ポリオワクチン（通称セービンワクチン）を開発している。

Bウイルスは、日常的にサルを扱うわれわれ研究者にとって最大の注意を払うべき動物由来感染症であった。かつてはBウイルス病の治療方法がまったくなかったため、感染すればほぼ致命的であると考えられていた。七〇年代までは、感染・発病して助かった人はほとんどいなかったのだ。(3)

幸いなことに、サルによるヒトへのBウイルス感染例は、ほかのウイルスと比べればそれほど多くはない。一九三二年の最初の報告事例から一九九四年までの発生件数は、全世界で四〇例以下であった。感染例の大半は研究室感染で、患者の多くは研究者や動物飼育員である。言うまでもないことだが、これは実験動物として多数のサルを扱う機会が多いことによる。(4)

個別の発生状況を見ると、まず一九五〇年代後半に一二例の感染が起きていた。これは、ポリオワクチンの検定が始まり、多数のサルが実験に使用されるようになった時期と一致している。

一九八七年三月から四月にかけて、米国フロリダ州にある空軍宇宙医学研究所で、一週間の間に立て続けに三例の感染が起こり、さらに一例の二次感染が起こった。つまり、ヒトからヒトへの感染が起きたのだ。

一九八九年六月には、米国ミシガン州の研究所で、三人の動物飼育員がサルから感染した。

二〇一九年一一月には、鹿児島の医薬品研究開発会社の動物実験施設で一名の患者が発生していたことが明らかになった。その際に過去の事例を調べたところ、以前に勤務していた元社員一名も感染して治療を受けていたことが判明した。

サルにおけるBウイルス感染は、東南アジア産のサルでは普通に見られるもので、アカゲザル、カニクイザルでもっとも頻繁に見つかっている。ニホンザルやタイワンザルでも感染が見出されている。

Bウイルスは、自然宿主であるサルに対しては、ヒトの単純ヘルペスウイルスと非常によく似た方法で共存している。ウイルスは、サルに感染すると神経細胞の中に潜在する。この状態ではウイルスは排出されず、これといった症状も出現しない。サルはまったく正常で、ウイルスはサルと一生共存する。ただし、サルが強い寒さやストレスなどにさらされると、ウイルスは神経線維を伝わって口腔粘膜に運ばれる。そこでウイルスが増殖すると口唇潰瘍ができ、この時にはウイルスが唾液の中に放出されている。このようなサルに咬まれたり、接触したりすることで、ヒトへの感染が起きるわけである。

一九九七年、全国の国立大学医学部の動物実験施設で飼育されている約一〇〇〇頭のサルについて、Bウイルスの抗体調査の結果が発表された。それによると、約四〇％がBウイルスに感染していた。そのうちニホンザルに限ると、約三三％が感染していた。

Bウイルスは当初、レベル4（二二六頁参照）に分類されていたが、抗ヘルペス剤のアシクロビルなどの有効性が明らかになったことから、現在はレベル3に分類されている。不思議なことにペットのサルから感染した事例はない。医学実験用のサルのようなストレスが少ないためかもしれない。しかし、Bウイルスの危険性があることは認識しておくべきであろう。

メディアが描写したウイルス像

ジンバブエでの発生から五年後の一九八〇年、こんどはケニアで三度目の発生が起きた。死亡したのはケニア在住のフランス人エンジニアである。病院の集中治療室で彼の治療にあたったシェム・ムソキという若い医師も感染し、数週間生死の境をさまよったがなんとか回復した。なお、この医師から分離されたウイルスは、彼の名前をとってムソキ株と名づけられ、その後もマールブルグウイルスの代表株として研究に広く利用されている。さらに一九八七年、同じケニアで四度目の発生が起きた。この時の患者は、ケニアに住んでいる両親を訪ねてきたデンマークの少年であった。

八〇年、八七年のケニアにおける二度の発生は、ベストセラー『ホット・ゾーン』の中でも詳しく描写されており(5)、八〇年の発生で死亡したエンジニアは、同書にシャルル・モネの名前で登場する。ただし原著では病気の恐ろしさが誇張して描かれている。日本語訳では独特の表現によってさらに恐怖が増幅されており、患者が死亡に至る場面では「〝人間ウイルス爆弾〟はついに爆発する」「患者が〝炸裂し、放血した〟」といった具合である。同書を読んで、マールブルグ病への恐怖を印象づけられた人も多いかもしれない。なお、「炸裂」や「放血」という表現は医学領域では聞かれない。原著では「the victim has “crashed and bled out”」とあり、〝すっかり血が出尽くした〟といったニュアンスである。炸裂とか放血という言葉に訳したことで、原著以上に恐怖を煽っていると言えようか。なお邦訳の二〇二〇年版では、この表現は〝崩壊し、大出血した〟と改められている。マールブルグ病の異常さは、小説『悪魔のウイルス』で、ソ連の生物兵器戦争に結びつけた物語にもなった[6]。

マールブルグ病の症状は、医学的には前に述べたようなものである。私が、マールブルグ病の対策リーダーとして活躍したルドルフ・ジーゲルト教授から直接聞いた表現と、『ホット・ゾーン』に描写された表現とでは、大きく隔たった印象を受ける。医学的表現と小説的表現の違いなのであろうか。

長年このようなウイルス性出血熱患者の標本の病理検査を米国CDCと共同で続けてきた倉田毅は、「ウイルス性出血熱」と題した論考の中で、エボラ出血熱について次のように述べている。

「〝恐怖〟〝全身が溶ける〟〝全身のすべての穴から血が吹き出す〟との表現で、マスコミ用語が先行し、多くの誤解が生まれている。現在存在するすべての標本を見た限りでは、そのような誤解を招く症状はまったくない。ウイルスが血管内皮細胞〔血管の内側の細胞〕を標的とするので、消化管出血がはじまり、これが死に直結することが多い[7]」。これは、同じグループのウイルスで起こるマールブルグ病にもあてはまる指摘である。

限られた設備でのウイルス分離

センセーショナルに描かれることの多いマールブルグ病だが、その原因ウイルスの検出についてはさほど語られていないようである。マールブルグウイルスの分離は、一九六七年秋に、患者の血液を接種したモルモットによって成功した。感染モルモットからさらに培養細胞でウイルスが分離されたのは、翌年になってからである。

この成果をあげたのは、マールブルグ大学公衆衛生研究所所長であるルドルフ・ジーゲルトとヴェルナー・スレンツカたちのグループである。一九七六年にジーゲルト教授を訪問した際、彼らがモルモット接種実験を行った研究室が、今世紀初めにエミール・ベーリング（北里柴三郎の共同研究者）が使っていた当時そのままの建物であることに驚かされた。古いレンガ造りの研究室は大学のキャンパスの中心にあり、すぐ後ろにはエリザベート教会の塔がそびえている。ドイツには中世から続く古都が多いが、マールブルグもその例にもれず、この教会が街の広場（マルクト）であり、現在も市の中心となっている。このような都市の中心の、しかも半世紀以上を経た古い建物の中で、マールブルグウイルスは分離されたのである（図4）。

図4　ジーゲルトと研究所の建物。後ろにエリザベート教会の塔が見える（筆者撮影）。

実験は、マスク、白衣、手袋といった古典的な防護手段のみで注意深く行われた。モルモットがまず発熱し、その血液の中から電子顕微鏡でウイルス粒子が発見された。現在のようなバイオハザード（微生物災害）対策がまだ確立されていなかった時代の、最後の成果であろう。現在、マールブルグウイルスの取り扱いは、エボラウイルスと同じく最高度隔離のレベル4実験室においてでなければならない。だが当時、未知の危険な感染症が発生した状況のただ中で、ほかに方法があっただろうか。研究者にとっては、与えられた状況の中でのぎりぎりの選択ではなかったかと推察する。

ハンブルク大学医学部教授であった友人のレーマングルーベは、ちょうどこの分離実験が行われていた際、ジーゲルト教授の研究室でマールブルグ病の対策にかかわっていた。後日、彼が語ったところによれば、やはり当時としてもこの実験にはかなりの批判があり、しかし結果的に実験者の感染がまったく起こらず、ウイルス分離に成功したことで問題にならずにすんだのだという。

自然宿主の解明

一九九八年十月、コンゴ民主共和国北東部のダーバ村の廃棄された金鉱で不法採掘を行っていた人々の間でマールブルグ病が発生した。一五四名が発病し、致死率は八三％に達した。二〇〇〇年九月に終息したが、これは金鉱が洪水にさらされた時期に一致しており、分離ウイルスはいくつもの遺伝子系列に分かれていた。ヒトからの直接感染ではこのような変異は起きないため、採掘を行っていた洞窟に生息する自然宿主からの感染が疑われた。

二〇〇七年七月と九月、ウガンダのキタカ洞窟の銅鉱山でマールブルグ病の発生が起こり、四名が発病し一名が死亡した。洞窟に自然宿主がいることを示唆されたため、ＣＤＣ、ＷＨＯ、ウガンダ・ウイルス研究所などの合同調査チームがキタカ洞窟に入って、そこに生息する約一三〇〇匹のコウモリを捕獲した。そのうち、五匹のエジプトルーセットオオコウモリからエボラウイルスが分離された。これらのコウモリには症状は見られなかった。ほかに、六一一匹のうちの三一匹（五・一％）からウイルス遺伝子が検出された。遺伝子の塩基配列は一様ではなく、二〇％も異なるものまであり、さまざまな遺伝子型のウイルスが同じ地域に存続していたことが明らかになった。患者から分離されたウイルスの遺伝子の塩基配列ともかなりよく一致していた。

二〇〇八年には、キタカ洞窟の近く、クイーン・エリザベス国立公園内のファイトン洞窟を訪れた観光客が相次いでマールブルグ病にかかり、死亡者も出た。この洞窟にも、四万匹以上のエジプトルーセットオオコウモリが生息している。一六二二匹を捕獲して調べた結果、七匹からウイルスが分離された。肺、腎臓、腸、生殖器でウイルス遺伝子が検出されたことから、唾液、尿、糞便、交尾でウイルスがコウモリの間で受け継がれていると推測されている(8)。

最大の致死率を示したマールブルグ病の発生

二〇〇四年十月、最貧国のひとつであるアンゴラで出血熱が発生した。当初は密かに広がっていたが、翌年になって発生が急増し始め、二月、ＮＧＯのアフリカ医療援助組織のメンバーのイタリア人医師、マリア・ボニーノと国連の児童保護専門家マトンド・アレクサンドルがラジオ放送で警告を発した。これにより、アンゴラ政府とＷＨＯは深刻な事態に陥っていることを初めて認識した。ボニーノは出血熱にかかり死亡した。アレクサンドルは魔法使いとみなされ、彼の叔母は地元で迫害を受けたと伝えられた。

三月には死亡者は一〇〇名に達した。三月二十一日、CDCは一二人の出血熱患者のうち、九人のサンプルでマールブルグウイルスの存在を確認した。この発生は二〇〇五年七月に終息した。三七〇人以上の患者が発生し、致死率は九〇%近かった。アンゴラでは二〇〇二年まで二七年間続いた内戦のために医療環境が最悪の状態にあり、医師不足や注射器の使い回しなどによりウイルス伝播が促進され、過去最大の発生になったと考えられている(8)。

CDCとカナダ公衆衛生局の調査で、患者たちから分離されたウイルスのゲノム(全遺伝情報)の塩基配列はほぼ同一であり、最大でも〇・〇七%しか異なっていなかったことが明らかになった。ヒトからヒトに直接感染が広がっていたことが、この成績からも推定された。

マールブルグウイルスは、アフリカの密林に生息するコウモリに潜んでいたものが、輸入された野生動物(ミドリザル)を介して先進国に持ち込まれたことで発見された。そして、きわめて危険なエマージングウイルスの存在を、われわれが初めて認識するきっかけとなったのである。

3　ラッサ熱

ノネズミと共存しているウイルス

一九六九年、ナイジェリア北東部の小さな村ラッサで、キリスト教会病院の修道女看護師が原因不明の熱病で重体に陥った。これが、のちに確認された最初のラッサ熱患者の発生である。彼女はすぐに人口十万人の錫鉱山の町ジョスの病院へと飛行機で移送された。

この病院で彼女は死亡し、看護にあたったほかの修道女看護師二名も続いて発症した。そして、そのうちひとりが死亡した。三名の症状はいずれもよく似ており、これまでに見たことのない出血性の熱病であった。診断は困難で、効果的な治療法も見当たらず、重篤患者の容態は好転しない。生存していたペニー・ピンネオは米国出身だったので、ニューヨークに移送して診断と治療を依頼することになった。この患者のウイルス検査にあたったのは、イェール大学の有名なウイルス研究者、ジョルディ・カザルスである。(9)

そのカザルスが実験中に感染し、危篤状態になるという緊急事態が発生した。一方、ラッサから帰国したペニーは回復の兆しを見せてきており、彼女の血清中にウイルスに対する抗体があることが明らかになっていた。カザルスを助けるために、彼女の血清を投与する方法が提案された。だが、この方法はあまりに大きな賭けであった。彼女の血清中にウイルスがまだ残っている可能性も否定できない。もし投与すれば、ウイルスも接種することになるかもしれない。また、カザルスの血液中には大量のウイルスが存在しており、そこへ大量の抗体が入れば、ウイルスと抗体の結合体がかえって症状を悪化させ、命取りになる可能性も十分に考えられた。

この幾通りもの理論的可能性をめぐって、研究者や医師たちの間で議論が交わされた。最終的に決断を下したのは、CDCの特殊病原部部長カール・ジョンソンである。ジョンソン自身、かつてボリビアでボリビア出血熱にかかり、回復した同僚の血清投与で治った経験があった。しかし、その彼にしても、この決断は大きなリスクをはらんだぎりぎりのものであっただろう。こうして血清投与が決まった。

投与後二四時間を待たずに、カザルスは回復の兆候を示し始めた。ジョンソンの決断は劇的な勝利に終わった。そして、もうひとつの感動的な事実は、献血に応じたペニーの勇気である。重い出血熱の症状から脱しつつあったとはいえ、体力的にはまだ回復しきっていない小柄な女性が、五〇〇ミリリットルもの採血に進んで応じたのであった。(8)

一九七〇年、最初の発生の翌年に、短期間であったが再びジョスの病院で重症の出血熱が起こった。最初の患者は原因不明の熱病で入院したアフリカ人で、医療従事者と入院患者の計二七名に感染が広がった。その多くは二次感染、ないし三次感染と考えられた。このうち一三名が死亡し、その中には患者の解剖を行った際に感染した医師も含まれていた。(10)

その後、同じ西アフリカの離れた四カ所の地域でも、散発的な流行が起きた。その致死率は三六から六七％と高く、しかもヒトからヒトへの感染、特に病院という環境での集団感染であったことが注目された。一九七四年にＷＨＯがまとめた報告では、一名の医師と看護師・助産師一四名を含む二〇名の医療従事者が感染し、九名が死亡した。このように、医療従事者を中心にヒトからヒトへと感染が広がったのは、感染源である患者の尿、血液、咳飛沫などとの直接接触が原因になっている。その背景には、未消毒注射器の再利用や、感染防止用の手袋、マスク、予防衣といった基本的な医療用具の不足があったとされている。

この熱病は、最初の発生地の村の名をとってラッサ熱と名付けられた。その後の研究で、原因ウイルスの正体や自然宿主も突き止められている。ラッサウイルスはアレナウイルス科に属しており、ボリビア出血熱の原因であるマチュポウイルスもこのグループに含まれる。これは前述のジョンソンが感染したウイルスである。アレナウイルス科に属するウイルスは、電子顕微鏡で見るとその粒子の中に砂粒のような構造が見られる。「アレナ」はラテン語で砂を指す「アリーナ」に由来している（図5）。

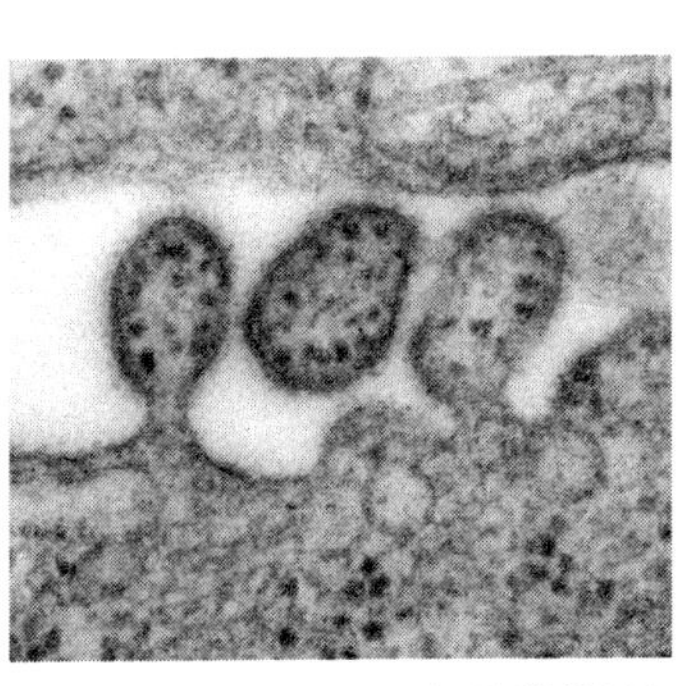

図5　ラッサウイルスの電子顕微鏡写真
（図版：C. S. Goldsmith）

ラッサウイルスの自然宿主は、アフリカに生息する大型のノネズミ、マストミス（和名ヤワゲネズミ）である。アレナウイルス科のウイルスは、いずれもネズミの類を宿主とし、ネズミでは発症することなく、一生共存する。つまり、持続感染の形をとる。ウイルスはマストミスの尿の中に排出され、これが塵埃に付着して飛沫となってヒトへの感染を起こす。マストミスはアフリカ一帯の人家の周辺に生息しており、実際、西アフリカでの流行地域で住民を調べてみると、感染しても発病するのは一〇〜二五％という成績だった。無症状または軽い症状の感染も起きている。抗体の分布を調べると、村によって一％以下から四〇％以上とさまざまであった。

ラッサ熱は、初期または軽症の場合には診断が難しいという特徴をもった感染症でもある。病気が進行し、出血やショックといった症状が出ない限り、診断は困難とされる。ウイルス抗体の検査やウイルス分離を経て、はじめて確定的な診断ができる。一方、治療面では、カザルスの実験室感染の際に血清投与が効果をあげ、その後ＷＨＯは免疫血清療法を標準的な治療方法として採用した。この方法では患者に免疫血清を二五〇ミリリットルずつ二回投与する。その血清は発生地域の抗体を持っているヒトから提供してもらっていた。

しかし、現在ではこの免疫血清療法はリバビリンという抗ウイルス剤による治療法に切り換えられている。その背景には、米陸軍感染症医学研究所で行われたアカゲザルへのラッサウイルスの感染実験がある。この実験でリバビリンが有効だったという成績に基づいて、ＣＤＣがシエラレオネで患者にリバビリン投与を試みたところ、瀕死の患者を助けることができたという実績が得られた。現在、ＷＨＯはこれを標準治療として採用している。

ジェット機で運ばれる輸入感染症

このように、ラッサ熱の発生は西アフリカという熱帯地域に集中している。しかし、国際交流が日常化した今日では、ウイルスも限られた地域にじっと留まっているとは限らない。遠方の大陸で出現した危険なウイルスが、人や物と一緒にジェット機で運ばれ、いつ身近なものになるかもしれない。ラッサ熱ではそれが現実に起きた。

一九七六年、西アフリカのシエラレオネで平和部隊の隊員として働いていた米国人女性が、頭痛、吐き気、下痢、首や背中の痛みを感じた。熱はなかった。一週間後に現地の病院に入院したが、症状が軽くなったので退院した。やがて再び同じような症状が出たため、再入院した。

ひとりの医師がラッサ熱を疑い、女性の血清を米国CDCに送った。一方、症状があまり重くなかった女性は帰国することになり、首都ワシントンに到着した。週末をワシントンのホテルで過ごした後、念のために入院した。それを追う形で、CDCに血清が届いた。CDCのレベル4実験室で検査した結果、血液、尿、喉のサンプルからラッサウイルスが分離され、ラッサ熱であると診断された。

輸入感染症の発生という危機的事態に、CDCは初めて直面した。これに対応したのは、カール・ジョンソンをリーダーとするCDCのチームである。患者と接触した人々を調査した結果、シエラレオネで三〇人、帰途の飛行機と乗り換えのロンドン・ヒースロー空港で計三五〇人、ワシントンで八七人、その他を合わせ総計五五二人が突き止められた。これらの人々は二一日間にわたって厳重な監視のもとに置かれたが、幸い発病した人は現れず、二次感染の事態は免れた。(11)

この事件は、米国内ばかりでなく、国際的にも大きな波紋を引き起こした。日本でも、同じ飛行機に日本人船員五名が乗り合わせていたことがわかり、機内で感染しているかもしれないという疑いがもたれた。この五人は、東京都立荏原病院の検疫伝染病病棟に収容されたが、発病することなく無事に退院した。

ほぼ十年後、私自身もこれと同じような事件を経験した。(12) 当時私が所属していた東京大学医科学研究所（医科研）の附属病院では、前身である伝染病研究所の時代から、熱帯病の患者を多く受け入れてきた。一九八七年二月末、シエラレオネに二週間ほど測量のために滞在した技師が、医科研の附属病院に来院した。彼は、日本に帰国後六日目に、全身の倦怠感、発熱、喉の痛みといった症状のため、まず近くの医院を受診した。抗生物質の処方を受けたが、症状が改善しないため、医科研の附属病院を訪れ、入院となったのだった。

診察ではまずマラリアが疑われたが、検査の結果、否定された。症状は七〜十日目にピークを迎え、その後は回復に向かった。しかし、症状からウイルス性出血熱の疑いを抱いた平林義弘医師は、島田馨院長とともに私のところへ相談に来た。そこで、ウイルス性出血熱についてCDCと共同研究を行っている予研感染病理部の倉田毅を紹介し、血清を調べてもらうことになった。

検査の結果、血清中にラッサウイルスの抗体が検出され、ラッサ熱であることが明らかになった。血液のサンプルが二回と尿のサンプルが一回採取され、CDCに送られてウイルス分離が試みられた。しかし、ラッサウイルスは見出されなかった。患者の症状が回復したために、経過観察を経て、入院後二カ月で退院した。

ところが、退院して約一カ月後に、再び患者の具合が悪くなった。ラッサ熱再発の疑いもあったため、都立荏原病院の高度安全病棟に入院させられた。血液、尿、腹水などいろいろなサンプルについて、ラッサウイルス分離がやはりCDCで行われた。すべて陰性の結果で、最終的に患者は回復して退院した。なお、この都立荏原病院の高度安全病棟は、第5章で詳しく述べる国際伝染病対策の一環として、一九七〇年代末に完成したレベル4相当の患者隔離施設である。

この事例は、エマージング感染症が予期しない形でわが国にも入ってくることを示すものでもあった。ラッサ熱は、前述の通り臨床診断が難しい場合が多い。特に、感染の初期には抗体は見つからないことが多いので、ウイルス分離による診断で迅速に対応する必要がある。この事例では、感染後、たまたま日数が経過していたために、抗体価が上昇していたことから診断ができた。しかし、回復してウイルスがいなくなったかどうかを知るためには、ウイルス分離が不可欠である。

このような事態を考えて、ウイルス検査のためのレベル4実験室が予研の村山分室に作られてはいた。だが、地域住民の反対にあって、レベル3までの実験しか許されていなかったため、レベル4が要求されるラッサウイルス分離のための検査はCDCに依頼するほかなく、検査材料が送られたのである。なお、前述の血清についての抗体検査は、不活化した血清に対しCDCで作製した不活化ウイルス抗原を用いて行うため、レベル4実験室の必要はなかった。

数千キロ離れた場所での検査が可能になった一方で、無自覚な感染者が検査試料よりも速く移動するという事態も生じた。ラッサ熱の例は、人や物の移動の高速化が、以降の感染症との戦い方を大きく変えていくことを示唆していたと言えよう。

4　エボラ出血熱*

読者の多くは、この写真に見覚えがあることだろう。エボラウイルスの電子顕微鏡写真（図6）は、ベストセラー『ホット・ゾーン』の表紙をはじめとする多くのメディアで紹介され、すっかり有名になった。エボラウイルスは、マールブルグウイルスと同じフィロウイルス科に分類されている。フィロは「紐状」の意味である。写真に見られる通り、紐のような形状からこの名称がつけられた。実際には紐状以外にもさまざまな形を示すが、この写真はエボラウイルスの不気味さを特に示す作品であり、エボラウイルスの象徴のように受け止められている。

撮影したのは、当時、CDCの特殊病原部部長であったフレッド（フレデリック）・マーフィーである。彼の電子顕微鏡写真は芸術的な美しさがあるとの定評で知られ、実際、美術館に展示された写真もあるという。彼はCDCウイルス・リケッチア病部門長を経て、カリフォルニア大学獣医学部部長を一九九七年春まで務めた。その後、ウイルス学の歴史に関する膨大な資料をまとめ、公開している。余談だが、彼と私は同窓生と言えなくもない。私のカリフォルニア大学留学時代、彼とは三年間、まったく同じ時期に同じ研究室に所属していた。もっとも、私は二階の研究室、彼は一階の研究室で、めったに顔を合わせなかったようで、お互いそれを知ったのは大分後のことである。

この象徴的な写真と共に広く知られるようになったエボラウイルスは、代表的なエマージングウイルスの一つと考えられている。しかし、実はエボラ出血熱が大昔にも流行したという説もある。舞台は紀元前四三〇～四二七年のギリシャ、アテネである。住人の三人に一人、三〇万人が謎の病気で死亡したとも言われている。その症状は、高熱、ただれた皮膚、胆汁の混じった嘔吐、内臓の潰瘍、下痢であったという。当時の人々は、今でいうところのペスト、麻疹、インフルエンザなどを疑ったようだが、どれとも症状は異なっていた。

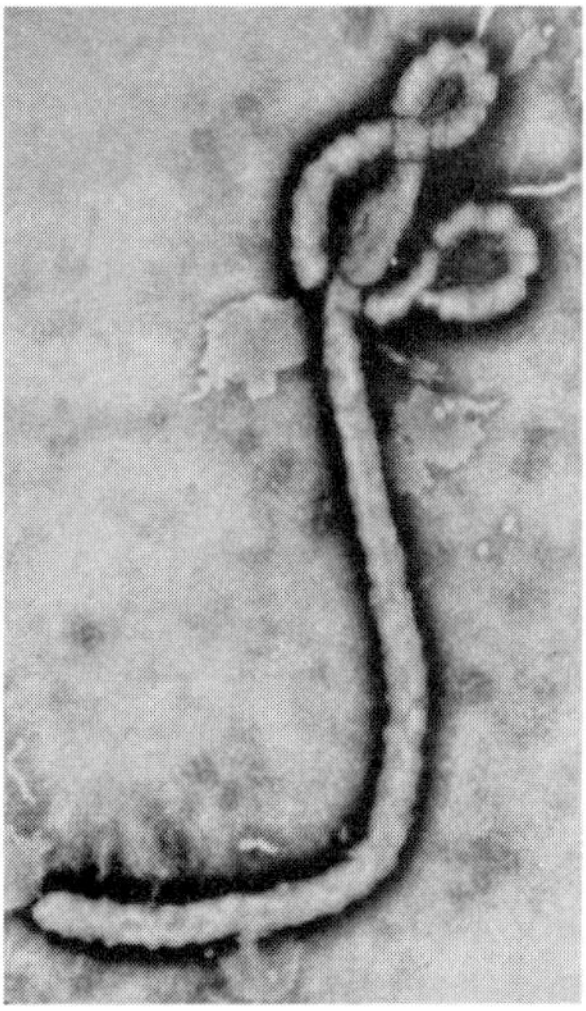

図６　エボラウイルスの電子顕微鏡写真（図版：Frederick A. Murphy）

アテネは主要な港であり、アフリカからの貿易船も行き来していた。実際に、アテネ近くの島には、アフリカミドリザルが描かれた当時のフレスコ画が残されている。そこで、この流行病はアフリカから持ち込まれたエボラ出血熱ではないかという疑いが浮上してきたのだ[13]。ミイラでも残っていれば、ウイルス遺伝子を検出することも技術的には可能と思われるが、ギリシャ人は死者を火葬とする習慣であったため、この仮説を検証することは難しいだろう。

アフリカでの集団発生

われわれの知りうる現代の時間軸で、エボラ出血熱をたどっていこう。

エボラ出血熱の最初の発生は一九七六年、ザイールとスーダンで突然起こった。その後も一九七九年、八九年、九四年、九五年、九六年と続き、二十一世紀に入ってからもたびたび発生している。特に、一九九五年のザイールでの再発生は、『ホット・ゾーン』や映画『アウトブレイク』の影響もあり、マスコミや人々の関心は過熱気味でさえあった[14]。

最初の発生は、一九七六年六月から七月にかけて、スーダン南部のヌザラという小さな町で起きた。ここはアフリカの熱帯雨林に接した場所である。というより、熱帯雨林を切り開いてできた町と言ったほうがよいかもしれない。最初の患者とみなされた男性は綿工場の倉庫番で、入院後に死亡した。この患者から家族、友人などに飛び火し、六七名へと感染が広がった。さらに近くのマリディという町に広がり、ここでは看護学校を兼ねていた病院で大きな流行を起こし、二一三名が発病した。最終的に、これらの地域一帯では疑似患者も含めて全部で二八四名の患者が発生し、そのうちの一五一名が死亡した。致死率は五三％に達した。

同じ年の八月、こんどは隣国ザイール北部の熱帯雨林の中にあるヤンブク伝道病院が大規模な集団感染の舞台となった。ここは、ザイールがベルギーの植民地だった一九三五年にベルギー人が森を切り開いて伝道所と病院を建てて、キリスト教の布教を行っていた場所である。最初の患者は、急性のマラリアの疑いで注射を受けた男性と考えられている。彼は入院後に死亡した。ついで、八五名が発症し、全員が死亡した。主な感染経路は未消毒の注射器の反復使用と推定されている。さらに病院の看護師、修道女、家族、親族、友人などへと波及し、最終的に三一八名の患者が発生し、そのうち二八〇名が死亡した。致死率は八八％と、これまでに類を見ないきわめて高いものであった。この流行での感染者は、すべてヤンブク伝道病院と関連があった。

原因不明の出血熱の報告と原因探求の依頼が、かつての宗主国ベルギーのアントワープにあるプリンス・レオポルド熱帯医学研究所所長のステファン・パッティンに送られた。彼のポスドクのピーター・ピオット**がこれに取り組むことになった。九月二十九日、パッティンの所にザイールから特別な荷物が届いた。ラテックスの手袋という簡単な対策で中身を開けてみると、安物の青い魔法瓶に二本の試験管が入っていた。氷の半分が溶け、一本の試験管は割れていた。それぞれにベルギー人シスターの凝固血液が五ミリリットルずつ入れてあった。

＊　（五八頁）出血熱病変がほとんど見られないことから、正式名称は「エボラウイルス病」に変更されているが、本書では俗称の「エボラ出血熱」を用いている。
＊＊　ピーター・ピオットは二〇一三年、第二回野口英世アフリカ賞を受賞した。

これらのサンプルが、ただちにヴェーロ細胞（コラム2参照）とマウスに接種された。安全対策は白衣とラテックスの手袋だけだった。十月四日からマウスが死に始めた。ヴェーロ細胞は一二日後に破壊され、剝がれ始めた。さらに新しいヴェーロ細胞に植え継ごうとしていた時、WHOのウイルス病ユニットから、危険性が高いためすべてのサンプルを英国ポートンダウンの微生物研究所（MRE）に送るよう指示が届いた。大寺院で有名なソールズベリーの郊外ポートンダウンには、英国国防省の広大な基地があり、その中に微生物研究所がある。第二次大戦中は生物兵器の研究を行っていたところでもあった。

貴重なサンプルをほかの研究所に送れという指示にパッティンは反発し、一部のサンプルを残していた。そして、友人の電子顕微鏡専門家に撮影を依頼した。驚いたことに、電顕画像に写っていたのは、マールブルグウイルスのような粒子だった。自殺行為を冒す人物ではなかったパッティンは、すぐに残りのサンプルをCDCに送った。

CDCは、マールブルグ病とラッサ熱の検査の際にはトレーラーで実験を行っていた。しかし、今回は、新しいレベル4実験室が建設されていた。ここで、ジョンソン、彼の妻であるパトリシア・ウェッブ、フレッド・マーフィーによりウイルスが分離された。パッティンは、十月十四日、CDCのカール・ジョンソンから新しいウイルスであるというテレックスを受けとった。[15][16][17]

国際チームが直ちにヤンブクから五〇〇キロメートル南にある首都キンシャサに集まった。メンバーは、ピオット、ジョンソン、CDCの疫学者ジョエル・ブリーマン、WHOの専門家としてパスツール研究所のピエール・シュロー、南アフリカ医学研究所の医師マルガレータ・アイザックソンである。アパルトヘイトの国である南アフリカの市民は、ザイールへの入国が禁止されていたが、彼女は前述のマールブルグ病発生の際に治療にあたっていて、患者の回復期血清を持参していたため、入国を許されたのであった。

現在、世界中に知れ渡っているエボラの名は、最初の患者の出身地近くを流れる、ザイール川の支流エボラ川から命名されたものである。当初、シュローがヤンブクウイルスという名前を提案したが、ブリーマンがマールブルグやラッサといった地名をウイルスに付けることに対する批判があると指摘した。そこで、ジョンソンがスーダンとザイールの両方の発生地を示すという理由からエボラを提案した。これは小さな川だったが、現地のリンガラ語で「黒い川」を意味するという不吉なイメージもあったことから、受け入れられた。

［コラム2］　ヴェーロ細胞

ヴェーロ細胞は一九六〇年代初めに日本でアフリカミドリザルの腎臓細胞を継代して樹立された細胞株で、エボラウイルスをはじめとするほとんどのエマージングウイルスは、この細胞で分離されている。二〇一九年に出現した新型コロナウイルスもこの細胞で分離された。また、ワクチンの製造にも広く利用されている。この世界的に有名な細胞株の樹立の経緯を紹介する。

一九五〇年代後半、日本ではポリオが大流行していた。そして一九五八年に、不活化ポリオワクチン（ソークワクチン）の製造が始まった。ポリオワクチンの製造方法である組織培養法は当時の最新技術だったため、ワクチンメーカーのひとつだった千葉県血清研究所が、川喜田愛郎千葉大学教授に研究協力を依頼した。そこで医学部細菌学教室の無給副手（オーバードクターの身分）だった安村美博がソークワクチンの試作計画への協力を指示された。

これがきっかけになって、安村はミドリザルの腎臓細胞の継代培養を試み始めた。実験中に細菌が混入するのを防ぐために、普通は無菌箱というステンレス製のキャビネットを使用するのだが、それを購入する費用がなかったため、彼はリンゴ箱にガーゼを敷き、石炭酸を振りかけて消毒したものを用いていた。

彼の同僚だった清水文七は、ヴェーロ細胞株樹立の瞬間を振り返って、次のように述べている[18]。「念願の新細胞の誕生である。これだけ長く増え続けている例はいままでになかった。この先、突然増えなくなってしまうことはあるまいとの自信を得た彼は、その頃、傾倒していたエスペラントでこの細胞にＶｅｒｏ（ヴェーロ）という名前を付けた。緑を表わす Verda と、腎臓を指す Reno をあわせてＶｅｒｏ（エスペラントで真理の意味をもつ）としたのである。一九六二年の春のことである」。

清水は、一九六四年、米国国立衛生研究所（ＮＩＨ）のアレルギー・感染症研究部にヴェーロ細胞を持参した。この研究室で、高熱と出血熱が主な症状の、アルゼンチンとボリビア由来の伝染病のウイルスが分離され、研究チームに参加することになったのだ。そして、この研究室にはカール・ジョンソンがいた。彼は、いち早くこの細胞に目を付け、これによりマチュポウイルスが分離された[18][19]。そして、エボラウイルスも、この細胞で分離されたのである[19]。

英国での実験室感染

一九七六年、英国ポートンダウンの微生物研究所（ＭＲＥ）で一名のエボラ患者が発生した。これは実験室感染である。この施設で感染事故が起きたちょうど一年後に、私は予研の北村敬とＭＲＥの実験室を訪問した。レベル４の高度隔離施設では、グローブボックスラインと呼ばれる完全密閉のアルミ製キャビネットの中でウイルス実験が行われている最中であった。実験者は肘まで入る長いゴム手袋で作業を行うので、ウイルスへの接触は確実に防げるようになっている。この完全隔離の実験室で、感染が起きたのである。その経緯を紹介しよう（図７）。

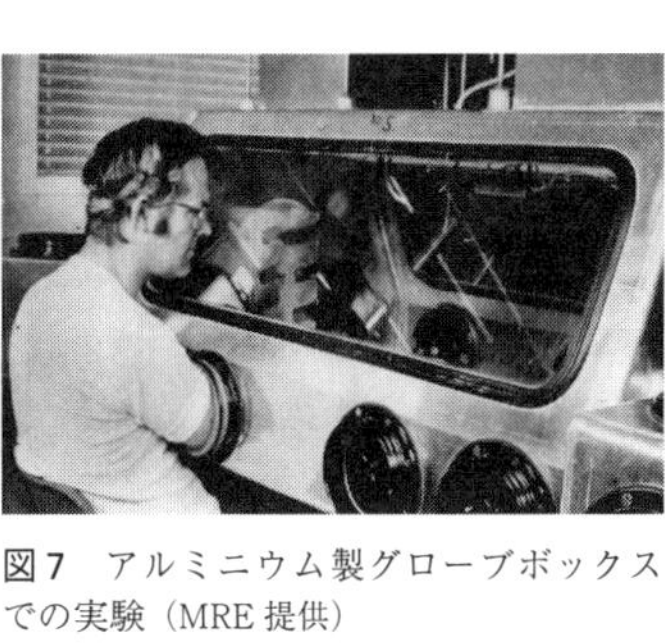

図７　アルミニウム製グローブボックスでの実験（MRE 提供）

一九七六年十一月五日、週末の金曜日だった。実験助手のジェフ・プラットが、モルモットへのエボラウイルスの接種実験の際に手もとを誤り、ゴム手袋をはめた自分の親指に注射器の針を刺してしまった。この注射器には、ウイルスに感染したモルモットの肝臓の乳剤が入っていた。彼は決められた安全手順に従って、ただちにゴム手袋をはずし、親指を塩素消毒液の中に浸して強くこすった。見たところ、血は滲んでいなかった。事故を報告したが、特に手袋が破れた様子もなく、指にこれといった傷も見られなかったので、帰宅が許され、週末を自宅で過ごした。

だが、翌週火曜日の夜から彼は激しい頭痛に襲われた。事故から五日目の水曜日、ロンドンにあるコペッツ・ウッド病院に入院させられ、内部が陰圧に保たれたプラスチック製のアイソレーターの中に隔離された。これは、病院で未熟児が感染防止のために入れられる、あのアイソレーターと基本的には同じものである。大人用としては、骨髄移植の患者の感染防止のために用いられるものがある。ただし、これら一般的な医療用のものは、外部から病原体が入りこまないように、アイソレーター内部は陽圧に保たれている。一方、彼が入れられたタイプのものはその逆で、内部が陰圧に保たれている。つまり、患者から排出されるかもしれないウイルスが、外に漏れないようになっている。

この隔離空間の中で、インターフェロンによる治療がすぐに開始された。インターフェロンに効果があるかどうかはまったくわからなかったが、ほかに考えられる治療法がないため、この方法が試みられたのである。当時、まだインターフェロンの大量生産法がなかったため、英国内にあったインターフェロンのほとんどすべてが彼に用いられたという。続いて、免疫血清が二〇〇ミリリットルずつ二回投与された。これはスーダンから取り寄せられたものだった。

十一月十一日、入院とほぼ同時に発疹が現れ、突然四〇度の高熱に襲われたが、同月二十日以後になると症状が緩和しはじめた。ウイルスが検出されなくなるまで、彼は三二日間をアイソレーターの中で過ごした。その後すみやかに回復したが、マールブルグ病での経験から、彼の精液が調べられた。発病後三九日目の時点では、〇・一ミリリットルでモルモットを殺すことのできる量のウイルスの存在が確認された。さらに六一日目でも陽性反応であったが、七六日目以降は陰性となった。結局十週間以上かかって、彼は完全に回復した。

ジェフ・プラットの臨床経過や検査成績は貴重なデータとなり、学術雑誌に彼も連名で論文が発表された。回復に役立ったのが、免疫血清か、インターフェロンか、それとも彼の体力であったのかはわかっていない。おそらくアフリカでは期待できない最善の治療を受けたことが、総合的に役立ったのではないかと推測されている(18)。

米国で起きたカニクイザルの感染

一九八九年秋から九〇年初頭にかけて、米国で突然、実験用のカニクイザルにエボラウイルス感染が発生した。発生場所は、熱帯地域から遠く離れた首都ワシントンの足もとである。しかも、アフリカのエボラとは異なり、サルのエボラでは空気感染が起きた。現在では、カニクイザルのエボラウイルスはヒトへの病原性をもたないか、あっても低いとみなされている。だが、当時リアルタイムで対応を迫られた関係者にとって、その危機感と衝撃は想像を絶するものであっただろう。

最初の発生は一九八九年十月であった。医学研究用のカニクイザル一〇〇頭が、フィリピンから米国バージニア州レストンのヘーゼルトン霊長類検疫施設に送られてきた。最初の四週間の検疫期間中には、特にサルに異常はみられなかった。ところが十一月に入った第一週に六頭が死亡し、その後も死亡例が続いた。臨床的にサル出血熱ウイルス感染の疑いがあったため、ワシントン郊外のフレデリックにある米陸軍感染症医学研究所（US Army Medical Research Institute of Infectious Diseases：USAMRIID（ユサムリッド））にサンプルが送られた。この研究所については第5章でふれるが、かつて生物兵器の研究を行っていたところである。米国にはこことCDCの二カ所にレベル4実験室があったが、USAMRIIDにサンプルが送られたのは、レストンと地理的に近いためであったと思われる。

十一月十六日、予想どおりサル出血熱ウイルスが分離されたが、同月二十八日になって、電子顕微鏡でエボラウイルス様の粒子が見つかり、さらに蛍光抗体法でエボラウイルス抗原が見つかった。蛍光抗体法とは、もっともよく用いられるウイルス検査法のひとつである。まず、ウイルス抗体に蛍光色素を標識としてつけておく。ウイルス抗原があると抗体が結合するので、蛍光顕微鏡で見るとその部分が緑色の蛍光として検出されるという方法である。その後ウイルスが分離され、エボラウイルスと同定された[20]。

発生の舞台となったバージニア州レストンは、首都ワシントンとは目と鼻の距離にある。ワシントン・ダレス空港からハイウェイに入るとすぐに、レストンの標識が見えてくる。アフリカでかつて九〇%近い致死率を示したエボラウイルス感染が、米国の中枢部とも言える場所で発生したのだった。

CDCのウイルス・リケッチア病部門長のフレッド・マーフィー、特殊病原部部長のジョー（ジョセフ）・マコーミックなどがUSAMRIIDに集まり、対策の検討に入った。マコーミックはのちに、著書『レベル4致死性ウイルス』でこの時の心境にふれている[10]。

それによると、十年前の一九七九年、スーダンでエボラ出血熱が発生した際、彼は現地で小屋の床にひざまずき、石油ランプの明かりのもとで患者から採血していた。その光景を思い出しながら、彼は、なぜ今ワシントンでエボラなのかと、過去と現在を交錯させせつつ描写している。対策会議の出席者で、実際にエボラの患者を見たことがあるのは彼ひとりだった。

なぜ今ワシントンでエボラなのか。マコーミックの表現は言いえて妙だが、現実の最優先課題は公衆衛生対策である。この会議ではその役割分担が話し合われたが、込み入った議論になった。当時、USAMRIIDでこの件を担当したC・J・ピータースは、著書の中でその時の状況を克明に述べている(21)。

それによれば、行政面で整理すると、ヒトの健康の責任はCDC、検疫もCDCの担当、飼育中の動物は農務省の担当、サルそのものについては魚類・野生生物局、ワクチンの研究・製造用のサルの規制は食品医薬品局、科学研究のためのサルの国内供給の監視はNIH、今回の問題の直接の担当はバージニア州衛生局ということになる。しかも、これまでウイルス分離まで行ってきたのはUSAMRIIDである。ピータースが一歩譲って、CDCが公衆衛生問題を担当し、USAMRIIDはサルの問題を担当することで、最終的に合意にこぎつけたという。

こうした込み入った対策会議を経て、十二月六～八日には軍の研究者によって残りのサル四五〇頭がすべて安楽死させられた。ヘーゼルトンの日本での代理店となっていた日本医科学動物資材研究所の日柳(くさなぎ)政彦社長によると、これらのサルの一部は検疫終了後に日本に送られることになっていたという。検疫中に感染が見出されたことから、日本は危うく難を免れたことになる。

カニクイザルのエボラウイルス感染は、このあとテキサスでも発生し、さらにレストンで二回目の発生が起きた。いずれもサルはすべて安楽死させられた。また、翌一九九〇年一月には、フィラデルフィアで発生した。レストンでの最初の発生以来、こうして米国内で合計四回の発生が起きた。

レストンでの最初の発生は一九八九年だったが、翌九〇年一月、五人の動物飼育員のうちのひとりが感染して死亡したサルの肝臓を切っていた際に、誤って怪我をしてしまった。アフリカでの経験になぞらえれば、この状況では飼育員はエボラウイルス感染からまず免れることはできない。一週間の潜伏期間の間、特に行動制限は加えられなかったが、注意深く経過観察が続けられた。血液が毎日採取され、検査が行われた。三日後、血液の中にエボラウイルス抗原が検出された。まちがいなく感染していたが、飼育員には何事も起こらなかった。

ほかの四人の飼育員の状態についても、経過的に観察が続けられた。最初のサルが発病した十一月に、すでに彼らの採血は行われていた。その時点では誰もエボラウイルス抗体はもっていなかったが、その後、三人がエボラウイルス抗体陽性になっていた。結局、飼育員五人のうち、四人がエボラウイルスに感染したことになる。しかし、いずれの感染者も発病することはなかった。レストンウイルスと呼ばれるようになったサルのエボラウイルスはヒトに感染はするが、アフリカのエボラウイルスとは異なり、ヒトでの病原性はまったく示されなかったのである。

しかし、レストンウイルスはスーダンウイルスに近縁で、両者は一四〇〇年ないし一六〇〇年以前に分かれたと考えられている。二〇〇八年、マニラで、原因不明の病気でブタの調査を行っていた米国のチームによりレストンウイルスが分離された。このウイルスはレストンでサルから分離されたウイルスとは遺伝子配列に差があるため、自然宿主の動物から、サルとは別に感染したと考えられている。このブタの飼育に関わっていた六名からウイルス抗体が見つかった。実験的にブタにこのウイルスを感染させたところ、症状がないまま大量のウイルスが肺に存在しており、エアロゾル感染を引き起こすおそれが指摘された。二〇一二年には、上海のブタで再びウイルスが見つかった。これらの地域に生息するルーセットオオコウモリからレストンウイルスに対する抗体が検出されていることから、これが自然宿主であり、サルやブタへの感染源となったのではないかと疑われている。

チンパンジーからヒトへの感染

一九九四年十一月、アフリカのコートジボアールでエボラ出血熱が発生した。最初の犠牲者は野生のチンパンジーであった。

コートジボアールにあるタイ国立公園は、チンパンジーの行動観察で有名な地域である。ここのチンパンジーは狩りが上手で、椰子の実を割るのにハンマーのような道具を用いるため、一九七九年以来、サルの生態学者が行動観察を続けている。このチンパンジーの群れの、ピーマンと名づけられた一歳六カ月のチンパンジーが死亡しているのが見つかった。解剖したところ、内臓に凝固していない血液がたまっていることがわかった。

八日後、このサルの解剖にあたった三人のうちのスイス人の三十四歳の女性が、発熱、急性の下痢、発疹の症状におそわれ、アビジャンの病院に入院した。しかし、五日後にエボラ様の症状がはっきりしてきたため、母国スイスの病院に移され、のちに回復した。おそらく英国での感染例の場合と同様に、回復の要因は高度の医療を受けた結果と思われる。

彼女の血液は、パリのパスツール研究所に併設されているＷＨＯのウイルス出血熱レファレンス・センターに送られた。ここにはレベル４実験室はなく、レベル３実験室内のビニールアイソレーターの中で検査が行われた。そして、エボラウイルスが分離された。これは、ザイールやスーダンで流行を起こしたウイルスとは別の、新しい株であった。また、死亡したピーマンの組織からも、同じエボラウイルスが見つかった。解剖の際に彼女はゴム手袋をはめてはいたが、なんらかの形でピーマンの血液か組織に触れたために感染したと推測されている[22]。

チンパンジーは人間と同じように終末宿主であるとみなされている。間違いなく、このタイ国立公園の中に、エボラウイルスの自然宿主であるなんらかの野生動物がいると考えられた。

人口過密都市での発生

ヤンブク伝道病院での発生から一九年後の一九九五年、再びザイールでエボラ出血熱が発生した。首都キンシャサに近い、人口四〇万人のキクウィト市が発生の舞台となった。八月二十四日に終息宣言が出されるまでの約三カ月間に、三一五人が発病し、二四四人が死亡した。致死率は七七％であった。この事態は、『ホット・ゾーン』や『アウトブレイク』によってエボラウイルスに過熱気味になっていた全世界の人々への、厳粛な警告となった。

ザイールでの発生がヤンブクと大きく違っていたのは、熱帯雨林の中の小さな町ではなく、キンシャサ、ブラザビルといった大都市に近い人口過密都市で起きた点である。一方、ヤンブクとの類似点として、病院が感染拡大の背景にあった。

最初の患者は、四十五歳の炭焼きの男性であった。一月六日に発病し、一週間後の十三日に死亡した。さらに、彼と同居していた親族一二名のうち、七名も死亡した。しかし、これらはすべて後の調査で明らかになったことであり、当時は四月末まで、ヒトからヒトへの伝播が気付かれることなく進行していた。当時の経過に従えば、四月初めにひとりの検査技師が発熱と下血でキクウィト総合病院を訪れたところから始まる。チフスの疑いで開腹手術を二回受けたが、二回目の手術中に死亡した。その後、この患者に接した外科チームと看護スタッフの間で、発熱、頭痛、筋肉痛、出血などの症状が出現し、あいついで死亡した。この時点で発病した七〇名のうち、四分の三は医療従事者であった。感染者はさらに病院の外へと広がり、キクウィトの街中へと拡大し、最終的に三〇〇名を超える規模の感染となった。

ＣＤＣでの検査は、八九年に完成していた新しいレベル4実験室で行われた。この検査は非常に迅速で、ウイルス学の進展を如実に示すものであった。五月九日、ＣＤＣにサンプルが到着すると、九時間後にはエボラウイルス抗原と抗体が一三人の患者のサンプルから確認された。さらにその四時間後には、一二人のサンプルからエボラウイルス遺伝子が検出された。サンプル受領後四八時間以内に、四人のサンプルから見出されたエボラウイルスの糖タンパク質遺伝子の一部の塩基配列が決定された。三日後には糖タンパク質遺伝子全体の配列データが一九七六年のヤンブク株と比較され、その結果、両ウイルスがほとんど同一であることが明らかになった。ヤンブクとキクウィトという離れた二つの場所で、二〇年近い期間を経て流行を起こしたウイルスの間には、ほとんど変化が見られなかったのである。このことは、エボラウイルスの遺伝子がきわめて安定な状態でどこかに隠れ潜んでいることを示唆していた。

キクウィトでの流行の原因は、いくつかの人的要因によるものであった。

第一の要因は、一日に三〇〇人もの患者に滅菌していない注射器を反復使用しなければならないような病院の医療環境であった。これは七六年ザイールでの、ヤンブクの病院を背景とした流行とまったく同じ事情である。これらの病院では、十分な数の注射器も滅菌のための煮沸装置もほとんどなかった。使い捨て注射器などの医療用具が整った先進国の医療体制とは、まったく違う環境だったのである。

第二の要因は、ザイールの葬儀の習慣として、死者を洗い身仕度をさせる儀式であった。最初の患者である炭焼きの男性が死亡した際、葬式で彼の遺体に触れた家族や近親者の間で急速に感染が広がった。これが流行の第一波となったのである。なお、キクウィトでは、流行が拡大してからは、エボラ出血熱の死者の洗い身仕度が禁止された。

第三の要因は、キクウィト総合病院での医療処置であった。当初、血便の下痢で死亡する患者が続出し、医師たちは何か新しい細菌による感染と考えた。そして、抗生物質の抵抗性を調べるために、臨床検査技師に採血を命じた。数日後にこの検査技師が発病した時、高熱と腹部が猛烈に腫れ上がっていたことからチフスが疑われ、腸の損傷をくいとめるために開腹手術が行われた。医師と看護師の外科チームが患者の腹部を切開してみると、腹腔内には血液が溢れており、出血が止まらず、患者は手術台の上で死亡した。この手術で汚染された外科チームが、流行の第二波となったのである。手術の際に、ゴム手袋やマスク、予防衣などの防具をしていれば、ここまでの流行の拡大は起こらなかったと考えられている(8)。

西アフリカの大流行

二〇一四年三月十日、ギニア南部のシエラレオネとリベリア国境近くの都市ゲケドゥの病院・公衆衛生局からギニア保健省に、発熱、はげしい下痢、嘔吐を伴う致死的感染症の発生が報告された。二日後には、この地域で三年前からマラリア対策に従事していた国境なき医師団にも情報がもたらされた。ゲケドゥでは八人の患者が入院しており、そのうち三人が死亡した。死者はさらに増え続けた。近くの都市マセンタからも数名の死亡が報告され、その中には医療従事者も含まれていた。三月十八日にはヨーロッパの国境なき医師団のチームが到着して、疫学調査が始められた。ウイルス検査のために血液が採取され、フランス・リヨンとドイツ・ハンブルクのレベル4実験室に送られ、エボラウイルスの遺伝子が検出された。これはザイール・エボラウイルスに属するウイルスだったが、コンゴやガボンで分離されたザイール・エボラウイルスとは別のグループとみなされている。

疫学調査の結果は四月十六日に「ニューイングランド・ジャーナル・オブ・メディシン」誌の電子版に発表された。発生は二〇一三年十二月早々に始まったと考えられた。最初の患者とみなされたのは、ゲケドゥのメリアンドゥ村で発熱、黒便、嘔吐の症状を出して四日後の十二月六日に死亡した、エミール・オウアモウノという名の二歳の男の子である。翌週には彼の母親が出血により死亡していた。十二月二十五日には、三歳の姉が発熱、黒便、嘔吐の症状を示し四日後に死亡した。ついで、祖母も発熱、下痢、嘔吐で二〇一四年一月一日に死亡した。さらに、看護師が一月二十九日に発病し、発熱、下痢、嘔吐で二月二日に死亡した。一月二十五日に入院した村の助産師も同じ日に死亡した。この助産師から感染は別の村に広がった。一方、別の村でも一月二十六日から三月二十七日にかけて八人が死亡していた。近くの町の二つの病院にも広がり、ひとりの患者を診た医師が発病し、まもなく死亡した。医師の葬儀でウイルスはさらにマセンタの町に広がっていった。これらは保健当局が知らない間に起きていた。

三月二十四日、リベリア北部の、ギニアとの国境にあるローファ郡で六名のエボラが疑われる患者が見つかり、すでに少なくとも五名が死亡したことが報道された。国境近くに住むギニアの住民は離れた自国の町よりも近いリベリア側の保健施設を利用していたため、この際にウイルスが持ち込まれた可能性があった。三月三十一日、リベリア保健・社会福祉相は、フランス・リヨンのレベル4実験室に送られた五つの検体のうち、二つがエボラウイルス陽性だったことを発表した。患者のうちの二人は姉妹で、ひとりはすでに死亡していた。感染は拡大を続けて、七月二十七日、大統領は空港を除き国境を閉鎖した。学校も休校となった。九月には一五郡のうち一四郡で患者が発生していた。リベリアの人口四〇〇万人に対して医師は二〇〇人足らずしかおらず、エボラ出血熱発生後、その数はさらに減少して臨床にたずさわる医師は約五〇人になってしまったという。

シエラレオネのケネマは、ギニアとリベリアの三カ国が国境を接している地点から一二〇キロほど離れた町である。ケネマ政府病院には世界でただひとつのラッサ熱患者のための特別病棟があり、長年にわたってラッサ熱患者の診療を行っていた。これは、一九七六年、CDCのジョー・マコーミックが妻のスーザン・フィッシャー＝ホックらと始めたラッサ熱プロジェクトの遺産で、一九八六年頃には、患者の病態の研究が行われていた（図8）。しかし、一九九一年に内戦が起こり、マコーミックらは撤退を余儀なくされた。その後を彼のチームのシエラレオネ人のアニル・コンテ医師が引き継いで、内戦の十年間、一〇〇〇人を超える患者の診療にあたっていた。しかし二〇〇四年、コンテは針刺し事故でラッサウイルスに感染して死亡し、その後をシェイク・ウマル・カーン医師が引き継ぎ、米国ハーバード大学のパルディス・サベティ准教授とラッサ熱について十年にわたって共同研究を行ってきた。

図8　CDCのラッサ熱プロジェクトのロゴマーク。マストミスの体内にラッサウイルス（内部に砂粒）がある。黒い砂粒はアフリカ大陸を示す（倉田毅提供）。

彼らは、ギニアとリベリアで流行しているエボラ出血熱のシエラレオネへの侵入に備えて、エボラに対するサーベイランスと診断の態勢を整えていた。五月二十二日、ひとりの女性が流産して病院にやって来た。ラッサ熱の検査結果は陰性だったが、ギニアでエボラの患者の治療後に死亡した治療師の埋葬に出席していたことがわかったため、ラッサ病棟に収容された。ここでは、全身を覆う防護スーツを着用し、マスク、プラスチック防護面、ゴーグル、二枚の外科手袋にゴム手袋、ゴム長靴、ゴムエプロンという安全対策が行われていた。血液検査の結果、五月二十五日、エボラウイルスの遺伝子が検出され、シエラレオネで第一号のエボラ患者となった。

パルディスの研究室から二名の科学者が最新の診断器具を持参してケネマに駆けつけ、カーンのグループと協力して調査を始めた。五月末から六月中旬にかけて見つかった感染例の七〇％にあたる、七八名のエボラ確認例から採取した血液は、一滴ずつマイクロチューブに入れられ、ウイルス不活剤を加えた上でサベティのところに送られた。このウイルス・ゲノム（全遺伝情報）の解析の結果が、八月二十八日に「サイエンス」誌の速報で発表された。五九名の著者の名前が並んでいたが、そのうちの五名は死亡していた。まさに命がけの論文であった。死亡者全員がケネマ病院の所属で、そこにはカーンの名前もあった。彼は、七月二十九日に死亡し、国民的英雄になっていた。カーンは、「ネイチャー」誌編集部による年末恒例の「今年の十人」のひとりに選ばれている(8)。

ゲノムの変異を分析した結果、西アフリカのウイルスは、二〇〇四年頃に中央アフリカで発生していたウイルスに由来することが推測された。どの時点で人間が自然宿主からウイルスに感染したのかはわからなかったが、西アフリカでの流行には、新たに自然宿主から感染した痕跡は見られなかった。

八月八日、WHOは「国際的に懸念される公衆衛生上の緊急事態」を宣言した。発生がかつてないほど拡大した原因は、都市部の過密化、国境を越えた移動の加速、伝統的治療法との葛藤などが原因だった。感染は、イタリア、マリ、ナイジェリア、セネガル、スペイン、英国、米国へと広がった。そのうち米国では、一一名が治療を受け、二名が死亡した。

二〇一六年三月にシエラレオネで、六月にリベリアとギニアで、終息が宣言された。海外での発生も含めて、感染者は二万八六五二名、死者は一万一三二五名に上っていた。

感染源については、二〇一四年四月、ドイツ、スウェーデン、コートジボアール、カナダ、英国の国際チームによる調査が行われた。最初の感染者と考えられた幼児の家から約五〇メートルのところに大きな樹があり、そこにコウモリの大群が生息していて、子供たちがこの樹の周りで遊んでいたという情報が得られたが、その地には焼け残った幹だけが残されていた。その周囲の灰と土のサンプルからオヒキコウモリのDNAが検出されたことから、このコウモリが感染源だった可能性が疑われている(8)。

地域紛争の中での発生

エボラ出血熱が一九七六年に最初に発生したザイールは、現在、コンゴ民主共和国となっている。それ以降も現在まで、エボラの発生が散発している。

二〇一六年、JICAの長期専門家として日本から医師が派遣され、国家エボラ対策マニュアルが作成された。これが完成した二〇一七年にコンゴ北部のバズウエレ州でエボラが発生した。これは八回目の発生だった。患者八名、死亡者四名と大流行にはならずに収まり、マニュアルの実施訓練になったとみなされている。

二〇一八年五月八日には、赤道州で九回目のエボラが発生した。これには、日本の国際緊急援助隊・感染症対策チームが派遣された。これは、西アフリカのエボラ流行を受けて二〇一五年に発足したものである。この発生は、患者五四名、死亡者三三名で、七月二十四日に終息が宣言された。

八月一日、北キブ州のマバラコという小さな町で発生したエボラから、大流行が始まった。十回目の発生である。その後の調査で、赤道州での発生の間に、五月には死亡者が出ていたことが判明した。報告が遅れた原因として、治安が悪くサーベイランス・システムが破綻していたこと、北キブ州保健省の職員が給料不払いに対してストライキしていたことなどが挙げられている。九月には人口二〇万人のベニ市に発生が広がり、十一月には商業の中心ブテンボ市で症例が増加し始めた。この地域は、誘拐や武装グループの間での頻繁な紛争が続いている。医療活動には軍や警察の同行が必要な地域が多かったために、流行は都市部で広がっていった。

二〇一八年、複数の国際組織が東部に入った。しかし、地元の人々は疑いの目を向け、ついには医療従事者や治療センターへの襲撃へと発展し、二〇一九年春まで続いた。患者の数は激増し、新たな患者が一日に一〇〇名を超える日もあった。

二〇一九年七月十四日には、北キブ州の州都、人口一〇〇万人以上のゴマ市に最初の患者が発生した。これを受けて、七月十七日、WHOは「国際的に懸念される公衆衛生上の緊急事態」を宣言した。発生は広がり続け、二〇二〇年三月三日には、患者数は三四四四名、死亡者二二六四名になっていた。

しかしこの発生では、人道的配慮により、未承認のエボラワクチンが初めて本格的に使用されていた（第4章）。そして、二月十七日以降には患者の発生がゼロになったのである。エボラウイルスの最長潜伏期の二倍の四二日間にわたり新たな感染者が確認されなければ、終息を宣言できる。四月十二日にWHOから終息宣言が出される予定だったが、その前々日に一名の患者が見つかり、四月十三日には三名となった。おそらく少数の人たちの間で流行が続いていたと推測されている。この事態を受け、直ちにベニ市にワクチンセンターが設置された。

六月二五日、コンゴ政府は北キブ州、南キブ州、イトゥリ州で続いていた一〇回目のエボラの発生がついに終息したことを宣言した。二年間続いたこの発生で、患者三四七〇名、死亡者二二八七名に上り、致死率は六六％であった。テドロスWHO事務局長は、「この発生でわれわれは多くの教訓と手段を手にした。今や世界に、エボラに対応する態勢が整ってきている。ひとつのワクチンが承認され、有効な処置法も手にした」と語った。しかし、ウイルスが回復者の眼や睾丸のような場所に潜むことがあり、再燃への注意が必要であることも強調した。

なおコンゴでは、このエボラの陰に隠れて麻疹が広がっている。麻疹は、二〇一八年一二月末から二〇二〇年三月末までに、三五万例以上発生し、六五〇〇人以上が死亡していた。二〇二〇年四月末になって、ワクチンの集団接種がベニ市のワクチンセンターで開始された。

一方、六月一日にコンゴ北西部の赤道州でエボラが発生した。一一回目の発生である。さらに、首都キンシャサでは新型コロナウイルスが広がっている。コンゴは、エボラ、麻疹、新型コロナウイルスという、三つの難題を抱えたことになる。

5　ハンタウイルス病

ハンタウイルスは、これまでに紹介したマールブルグやエボラなどのウイルスとは、その発見の経緯や来歴が大きく異なる。このウイルスは、エマージングウイルスとして発見されたが、同時に、古くから知られていたまったく別の病気の原因ウイルスであることも明らかになったのだ。

ハンタウイルスの感染によってヒトに引き起こされる症状は二つのタイプに分かれ、いずれも深刻なものである。ひとつは腎臓障害を中心とする腎症候性出血熱であり、もうひとつは呼吸器障害を中心としたハンタウイルス肺症候群である。腎症候性出血熱は主として中国、韓国、日本など東アジア一帯と北欧で出現する。第二次世界大戦中には、旧日本軍による人体実験に使用された。一方、ハンタウイルス肺症候群は、一九九〇年代に入って突然米国で発生した病気であり、エマージングウイルスの典型例として注目されている。症状も、社会に巻き起こした波紋も大きく異なる二つの病気が、同じグループのウイルスに由来するとわかったのは、ウイルス学の進展のおかげであった。

現在では、このウイルスの自然宿主は、世界各地に生息する齧歯類であることが明らかになっている。ネズミの八つの亜種が宿主として確認されており、感染の発生や流行も世界の各地域に分布している。ハンタウイルスはブニヤウイルス科に属するウイルスである。ブニヤウイルスという名前は、このグループの代表的ウイルスであるブニヤムウエラ（ウイルスが分離されたアフリカの地名）ウイルスに由来する。

若者の突然の死亡

まずは、ハンタウイルス肺症候群から紹介していこう。この病気の出現は、一九九三年、先進国である米国で、元気な若者があっという間に死亡するという事態から始まった。致死率は五〇％に達し、その出現はまさにエマージングウイルスの典型と言ってよかった[20]。

米国南西部のニューメキシコ、アリゾナ、コロラド、ユタの四つの州は、二本の直角に交わる線で州境が分けられている。そのため、この州境の一帯はフォーコーナーズと呼ばれている。一九九三年五月中旬に、ここで謎の病気が発生しているといううわさが広がった。

最初に見つかった犠牲者はニューメキシコに住むナバホ先住民、十九歳のメリル・バーヒだった。学生時代に有名な長距離ランナーであった彼は、そこで同じく陸上競技選手のフロリナ・ウッディと出会い、婚約した。そして生まれて五カ月の男の子と親子三人でトレーラーハウスで生活していた。

一九九三年五月九日、婚約者のフロリナ・ウッディが急死した。インフルエンザのような症状で入院したが、病状が急激に悪化して一週間ほどで死亡したのだった。その頃、バーヒが同じインフルエンザのような症状で発病しており、症状が進行したため妻の葬式に出席できなかった。

五月十四日、バーヒの容態が非常に悪くなったため、家族は彼を約九〇キロ離れたギャラップのインディアン・メディカルセンターに入院させることにした。しかし、病院に到着した時、彼はすでに死亡していた。

長年、先住民の医療にかかわってきたブルース・テンペスト医師は、これまでにこのような急激な死亡を見たことがなかった。解剖が必要だと考え、バーヒの家族に了解を求めた。先住民の間では、死者の名前を口に出すと死者の霊を混乱させて悪霊を呼び出すと信じられていた。そのような言い伝えがあるにもかかわらず、バーヒの家族は解剖を承諾した。さらにその時、彼らはフロリナ・ウッディが同じような症状で死亡しており、一時間後には埋葬されることを告げた。家族はフロリナの解剖も承諾した。

解剖してみると、ふたりの肺は酸素欠乏で赤黒くなっており、そこに多量の水がたまっていた。これは急性呼吸困難で見られる病変であったが、普通はほかの病気から起こるものであり、また、若い人ではほとんど見られないものである。

記録を調べてみると、一九九二年以来、五名が同じような症状で死亡していたことが明らかになった。いずれも若いナバホで、保護地域の周辺に住んでいた。似た症例はさらに増え、五月二十六日には一九名に達した。

テンペストはニューメキシコ州衛生局に連絡をとり、原因の追及を始めた。最初に疑われたのはペストである。肺ペストはペスト菌の呼吸器感染で起こるもので、最初はインフルエンザのような症状を示す。米国南西部は世界的に見ても最大のペスト汚染地域で、世界最高のペスト研究所が設けられている。ペスト菌を保有するプレーリードッグやリスが生息しており、時々ペストに感染したプレーリードッグがペットショップで見つかって殺処分されている。ペストに感染するヒトは現在でも時折見つかっており、一九八四年から九四年までに六八名のペスト患者が確認されている。しかし、今回の患者にペスト菌感染の証拠は認められなかった。

この地域では、プレーリードッグ退治のために、毒ガスのホスゲンと似た構造のホスフェンの使用が許されているため、ホスフェン中毒も疑われた。しかし、患者のトレーラーハウスにはホスフェンも、それを発射するガス銃も置いていなかった。

五月二十七日の「アルバカーキ・ジャーナル」誌は「なぞのインフルエンザにより先住民地域で六名が死亡」という記事を掲載した。ここでマスコミの報道ラッシュが起こり、ナバホ病またはナバホ・インフルエンザのニュースがあふれた。

最初の発生が限られた地域の住人たちの間で起きたことから、ヒトからヒトへの感染が起きたことが疑われた。その結果、ナバホの人たちを避ける事態となった。テレビ番組はフォーコーナーズへの旅行を差し控えるように語り、フォーコーナーズを通過するバスの乗客はマスクを付けた。これがナバホへの人種差別の動きにつながり、ウエイトレスがナバホに対してはゴム手袋をして給仕をしたり、カリフォルニアに旅行しようとしたナバホが拒否されるといった事態にまで発展した。

それまで非公式に相談を受けていたCDCは、五月二十七日にニューメキシコ州政府から正式に調査協力依頼を受けた。連邦政府の機関であるCDCは、正式依頼がなければ動けないのである。CDCは五月二十八日の金曜日に関係者を集めて会議を開いた。そこでニューメキシコへ派遣する調査員の人選がまず行われた。ウイルス感染の可能性についての検査は、その危険性から特殊病原部で行われることになった。部長は一九八九年のカニクイザルのエボラウイルス感染の際にUSAMRIIDでリーダーとして活躍したC・J・ピータースである。彼は国防省の予算削減のあおりを受けて一年前にCDCに特殊病原部長として移ってきていた。CDCも予算削減で人員が不足しており、ほかの部門から応援を受けることが決められた。

ニューメキシコからのサンプルは五月三十一日にCDCに到着した。患者のサンプルだけでなく、患者の家の周辺で捕獲したネズミのたぐいや、家畜のサンプルも含まれていた。特殊病原部には最高度の隔離施設であるレベル4実験室がある。しかし、宇宙服のようなプラスチックスーツを着用した完全隔離空間での実験ができる有資格者は数名にすぎない。十分な訓練を必要とする作業員を簡単に補充することはできない。そこで、レベル4実験室ではマウス接種のような動物実験に限定し、そのほかの試験はレベル3実験室で行うことが決定された。

患者の血清について、既知の数多くのウイルスに対する抗体を片端から調べていくうちに、六月三日、ハンタウイルスに対する陽性反応が、弱いレベルではあったが、間違いなく検出された。これは予想外なことであった。ハンタウイルスは腎症候性出血熱の病原体であって、腎臓障害が特徴的である。肺に障害を引き起こした例はこれまでまったく見つかっていなかった。信じがたい結果が得られたことから、翌日、別の試験法で繰り返し試験が行われた。この試験でもハンタウイルス抗体が検出された。こうして、CDCにサンプルが到着してからわずか四日後に、病原体がハンタウイルスであることが明らかになった[17]。

腎症候性出血熱研究の蓄積

ハンタウイルスは腎症候性出血熱の病原体として古くから知られている。歴史的に見ると、もっとも古い記録として、九六〇年の中国の書物に、今日の腎症候性出血熱と推測される症状の病気が記載されている。

旧ソ連と中国の国境にはアムール川とウスリー川が流れており、この地域で一九一三年から出血熱の発生が見出され、一九三二年以来、チュリロフ病、極東腎症・腎炎、出血性腎症・腎炎、腎症候性出血熱といったさまざまな名前が付けられた。その後一九三八年に、中国東北部（旧満州）のソ連との国境に駐留していた旧日本陸軍の兵士の間で、発熱、蛋白尿、出血などを伴う熱病が多発した。戦力低下を招くことから、陸軍軍医団による原因究明が行われた。最初は急性出血性腎炎、戦争腎炎、または流行の起きた地名をとって孫呉熱など、さまざまな名前で呼ばれたが、一九四二年、陸軍は流行性出血熱という名称に統一し、翌年にはウイルスによる疾患であることを発表した[23]。

この研究にあたったのは関東軍第七三一部隊である。ここで行われたとされる人体実験の内容は『悪魔の飽食』などで伝えられている[24]。人体実験の実態は、戦後行われた第七三一部隊の研究者への尋問で明らかにされた。これは情報公開法で閲覧可能になった極秘資料を中心にまとめられた『悪魔の生物学』で紹介されている[25]。それによると、流行性出血熱が人間にも、動物にも感染すると語られている。患者の血液をウマに接種し、逆に発病したウマの血液を人間に接種するという実験を行っていたのである。日本人兵士での自然死亡率は三〇%であったが、実験では一〇〇%だったという。接種された人間はすべて〝殺処分〟されたためである。米軍は、第七三一部隊が保管していた約五〇〇名の解剖標本を入手している。そのうち流行性出血熱の標本は一〇一名分であった。

この病気が大きくクローズアップされたのは、一九五〇年から五三年にかけての朝鮮戦争がきっかけである。一九五一年夏から、熱と筋肉痛を伴う病気が国連軍兵士の間で出現し始めた。発熱に続いて皮膚に点状出血が現れる出血熱の症状で、新しい病気とみなされ、韓国型出血熱と命名された。戦争休戦時までに三二〇〇名以上が罹患し、そのうち二五〇〇名が米国兵士であった。死者は一二一名に上った。

原因ウイルスが見出されたのは、それから二〇年あまり後の一九七六年である。高麗大学の李鎬汪(リホーワン)教授は、セスジネズミが感染源ではないかと疑っていた。手がかりがない未知のウイルスを発見する手段のひとつとして、患者の血清を利用する方法がある。患者血清の中には韓国型出血熱の病原ウイルスに対する抗体が含まれているはずである。そこで、韓国型出血熱が発生した地域で捕獲したセスジネズミについて調べた結果、その肺の組織が患者血清と蛍光抗体法で反応することを見出したのである。蛍光抗体法は蛍光色素の標識をつけた抗体を検査試料に加えて蛍光顕微鏡で観察する検査法で、抗原の存在を結合した抗体の蛍光で判断できる（六八頁参照）。この反応が、患者の血清だけで見られ、健康なヒトの血清では起きなかった。このセスジネズミの肺の乳剤を別のセスジネズミに接種すると、その肺もまた患者の血清と反応した。すなわち、原因ウイルスがセスジネズミで継代されていたのである。この肺の組織を抗原として蛍光抗体法で調べれば、感染したヒトの血清では蛍光を発するはずである。こうして、血清診断が可能となった。このセスジネズミが捕獲された場所は朝鮮半島の三八度線に近いハンターン川（漢灘江）の付近であったことから、このウイルスはハンターンウイルスと名づけられた。*なお、ネズミの臓器から培養細胞でウイルスが分離されたのは一九八二年のことであった。

韓国型出血熱のウイルスはセスジネズミが保有している。ネズミは発病することなくウイルスを尿

＊　本節の表題はハンタウイルスであり、以降にもしばしばハンタウイルスという名前が出てくる。最初の株の命名はハンターンウイルスであったが、その後、同じ種類のさまざまなウイルスが分離されてきたことから、それらをまとめてハンタウイルス属という分類が作られた。ハンターンウイルスはこの属の中のウイルスの代表的な株である。つまり、ハンタウイルスは正式にはウイルスのグループの名前であり、個々のウイルスの名前ではない（表2参照）。

表2　ハンタウイルス病の種類

病気の種　類	流行のパターン	自然宿主	原因ウイルス	流行地域
腎症候性出血熱	田園流行型			
	極東型	セスジネズミ	ハンターン	中国、韓国、ロシア極東地域
	北欧型	ヤチネズミ	プーマラ	スカンジナビア半島
	バルカン型	キクビアカネズミ	ドブラヴァ	バルカン半島
	都市型	ドブネズミ	ソウル	中国、韓国、梅田熱
	実験室型	ラット	ソウル	日本、韓国、フランス、ベルギー
ハンタウイルス肺症候群		シカネズミ	シンノンブレ	北米
		コメネズミ	アンデス	南米

中に放出する。ウイルスがほこりなどに付着して、それを吸い込むことでヒトが感染する。朝鮮戦争では、国連軍兵士は野営キャンプなどでセスジネズミから感染したと推測される。

韓国、中国などでは秋の収穫時に畑でセスジネズミとの接触する機会が増えるため、患者が多く出ている。現在でも中国大陸では年間の患者は十万人に達すると推測されている。二〇二〇年三月、雲南省のバスの中でひとりの乗客が突然死亡し、新型コロナウイルスによると疑われネット上で大きな騒ぎになったが、原因はハンタウイルス感染であった。上述の通り、感染のきっかけは自然宿主であるネズミとの接触であり、新型コロナウイルスとは異なり、感染したヒトからさらにヒトへと感染することはない。

日本では一九七〇年代初めから、医科系大学の動物実験施設で、高熱、腎障害、出血などの症状の原因不明の病気が散発していた。最初に問題になったのは、一九七五年三月に起きた、東北大学医学部の医師や医療従事者での発生であった。当初、これにはマールブルグ病の疑いがかけられていた。三月から五月にかけて、三人の外科医師があいついで発熱し、肝臓や脾臓の腫れなどの重い症状で入院した。これらのヒトがニホンザルを使った腎臓移植の実験に携わっていたため、サルからの感染ではないかと疑われたのだ。前述のように、一九六七年に最初に発生したマールブルグ病はミドリザルからの感染であった。さらに一九七五年二月には南アフリカで二回目の発生が起きたばかりであった。

私は東北大学の石田名香雄から依頼されて、七月に患者のサンプルをＣＤＣの特殊病原部部長のカール・ジョンソンに送って検査を依頼した。九月に、マールブルグ病ではないという結果が戻ってきた。原因は不明であった。

一九七六年、七七年には四つの大学で、七八年には六つの大学で発生が起きた。症状から韓国型出血熱の疑いが濃厚となったため、患者のサンプルを高麗大学の李鎬汪の研究室に送って検査をしてもらった。その結果、いずれも韓国型出血熱であった。さらに、マールブルグ病が疑われた一九七五年の東北大学の例も韓国型出血熱と判明した。確認された患者数は一九七八年の終わりには全部で六六名に達していた。この事態を重視した文部省は、一九七九年、大阪大学微生物病研究所の川俣順一を班長とする「動物実験における人獣共通感染症、特に流行性出血熱発生の予防と制圧に関する研究班」を発足させた。私も班員として加わった。

この班の活動により発生は収まり、一九八五年には終息宣言が出された。一九七〇年の最初の発生からの一六年間に、二四機関で計一二六名が感染し、そのうち一名が死亡していた。死亡した患者は動物飼育員で、たまたま発病前の潜伏期にスキーに出かけていた。体力が消耗していた時に発病したために、病状が悪化したと推測されている。

一連の症例の感染源は実験用のラットであった。繁殖業者からすでに感染しているラットを購入した可能性と、実験施設で飼育されているラットの中に感染したものがいたためにそこから広がった可能性の両方が推測されている。感染したラットは発病せず尿の中にウイルスを放出しているため、それから実験者が感染を受けていたのである。

現在では、感染していないことを確認したラットを購入し、飼育環境も清浄に保つ配慮がなされるようになり、患者の発生は起きていない。

動物実験施設でのハンタウイルス感染は、一九六〇年代に大阪で起きた原因不明の熱病の正体も明らかにした。これは梅田の住居密集地区を中心に起きていたことから梅田の奇病とか梅田熱と呼ばれたものである。十年の間に患者の数は一一九名に上り、そのうち二名が死亡した。その当時に採取してあった患者の血清二〇例を、動物実験施設の患者の血清と一緒に一九七八年に李教授のところで検査してもらったところ、一九例が抗体陽性であった。これもハンタウイルス感染だったのである。

なお、感染源はドブネズミと推測されている。密集した住宅地域でドブネズミと同居するような生活環境であったために起きたと考えられている。梅田地区の市街地整備が進み、一九七〇年代には本病の発生は見られなくなった。

ハンタウイルス感染は北欧でも古くから見出されている。まず、一九四五年にフィンランドのラップランドで見つかった。中国大陸の場合と同じく、これもまた戦争中に多数の患者を出している。第二次世界大戦中、フィンランド北部でフィンランド軍とドイツ軍に発生した患者数は一万人を超えたと推測されている。現在でもスカンジナビア一帯で毎年数千人の患者が出ている。原因ウイルスは一九八四年にフィンランド東南部で分離され、その地名にちなんでプーマラウイルスと呼ばれている。ウイルスを保有しているのは、森林地域に生息するヤチネズミで、冬に備えて餌をあさりに人家に寄りつく秋に患者が多く発生している。

バルカン半島では別のハンタウイルスが分離されている。スロベニアのドブラヴァで捕獲されたキクビアカネズミから分離されたもので、ドブラヴァウイルスと呼ばれている。これはバルカン半島だけでなく、ドイツ、ベルギーをはじめヨーロッパに広く存在している。旧ユーゴスラビアが解体しつつあった一九九五年から九六年には二〇〇〇人の患者が発生した。また、ボスニアとクロアチアで内戦が起きた際に、ツズラで三〇〇人の兵士が感染した。野外キャンプで宿主のネズミとの接触の機会が増加したためと推測されている。

米国においても、韓国型出血熱（腎症候性出血熱）の研究は精力的に進められてきた。その中心になっていたのは、CDCからUSAMRIIDに移っていたカール・ジョンソンと、NIH（国立衛生研究所）のカールトン・ガイジュセックである。ガイジュセックは、現在ではプリオン病と呼ばれるヒトの神経疾患の研究で、一九七六年、ノーベル賞を受賞した人物である。彼は朝鮮戦争中に軍医

図9　1981年、国立衛生研究所のガイジュセック研究室で。左から筆者、ひとり置いて川俣順一、ガイジュセック、ジョンソン

として韓国型出血熱の調査を始めて以来、ユーラシア大陸全般にわたってこの病気の疫学的研究を行っていた。彼が李教授と共同で分離した腎症候性出血熱のウイルスであるプロスペクトヒル株は、米国での代表的な分離ウイルスである。株の名前は、ガイジュセックの自宅の所在地に由来している。

なお当時、日本では腎症候性出血熱の原因ウイルスが分離できていなかったため、検査をすべて韓国に依頼しなければならなかった。私はジョンソンやガイジュセックと旧知の間柄であったので、一九八一年暮れ、サンフランシスコで開かれた実験動物に関する日米合同会議に出席した後、前述の流行性出血熱研究班班長の川俣順一とともにワシントンに足をのばして彼らを訪問し、原因ウイルス分離の経緯などについて情報を提供してもらったということもあった（図9）。

これらのウイルスは同じグループのものとみなされ、現在では、ブニヤウイルス科ハンタウイルス属に分類されている。そして、表2に示したように田園流行型、都市型、実験室型に分けられる。田園流行型はさらに流行地域別に極東型、北欧型、バルカン型に分けられる。それぞれの原因ウイルスが、異なるネズミを自然宿主として存在している。都市型はドブネズミが宿主で、梅田熱はこれに相当する。実験室型は実験用ラットからの感染である。

流行性出血熱、韓国型出血熱、流行性腎症など、さまざまな名前で呼ばれ混乱が生じやすいために、一九八二年に東京で開かれたＷＨＯの専門家会議で腎症候性出血熱の名前に統一された。高熱、出血、腎臓障害を特徴とすることから、この名前が選ばれたのである。これはかつてソ連で用いられていた名前でもある。

名前のないウイルス

フォーコーナーズ地域の患者は六月初めには二〇名を超えた。いずれの患者でも急速に起こる呼吸困難が特徴である。生存者は「ほんの数分間でもよいから、皆があの苦しさを経験してみてほしい。話すことも、息をすることもできない」と語っている。入院から死亡までの時間を見ると、一二時間以内に六名が死亡し、一三〜四八時間以内に五名、四九〜七二時間に二名となっている。私の手元にＣＤＣから送られてきた患者の肺のＸ線写真がある。これを見ると、肺の中で正常な部分はごくわずかで、ほとんどの部分が真っ白にみえる。これは何リットルもの水がたまっているためである。肺が水浸しの状態になり、呼吸ができなくなって死亡したことを示している。

ＣＤＣは当初この病気を急性成人呼吸困難症候群と呼んでいたが、ハンタウイルス感染によることが明らかになったことから、八月三日、ハンタウイルス肺症候群と命名した。

これまでに知られていたハンタウイルス感染による病気は腎症候性出血熱であり、腎臓障害を特徴とし、肺に変化は見られていなかった。ハンタウイルス肺症候群では、肺が冒され、腎臓には障害がない。ハンタウイルスによるまったく病態の異なる二種類の病気の存在が明らかになったのである。

腎症候性出血熱ではネズミがウイルスの自然宿主となっていることから、ハンタウイルス肺症候群でもネズミが感染源として疑われた。フォーコーナーズ地域にネズミ取りが仕掛けられた。捕獲されたネズミのうち、三分の一以上はシカネズミであった。褐色の大きな耳をもち、腹と尾が白く、大きな黒い眼が頭蓋骨の中に沈み込んでいるところから、この名前がつけられている。そして、シカネズミの三分の一にハンタウイルス遺伝子が見出された。

これまで、新しいウイルスの発見とはウイルスを生物で増殖させ、分離することであった。しかし、ハンタウイルス肺症候群の原因ウイルスとその自然宿主の解明は、ウイルス遺伝子の存在を確認することで行われた。これは、ウイルス学の技術の進展、そしてその技術が生かされる基盤があったためである。さらに、もっと重要な点は、ニューメキシコ州のテンペスト医師たちが、最初の患者に積極的に関心をもち、適切な対応をとっていたことである。さもなければ、この病気は一地域の単なる小さな流行病とみなされ、新たな病気であるとはわからなかっただろうと言われている。

ハンタウイルス肺症候群という名前は認められたが、その原因ウイルスの分離は、ほかのハンタウイルスの場合と同様に容易ではなかった。ハンタウイルスが増殖する細胞と、その培養条件がなかなか見つからなかったためである。この取り組みは事実上、CDCとUSAMRIIDの競争となった。CDCのチームはUSAMRIIDから移ってきていたC・J・ピータースがリーダーとなっていた。USAMRIIDはピーター・ジャーリングとコニー・シュマルジョンをそれぞれリーダーとするふたつのグループが作業にあたった。十一月三日、USAMRIIDチームは、カリフォルニアのコンビクトクリークで見つかった患者の家の近くで捕獲したシカネズミから、ヴェーロ細胞でウイルスを分離したことを発表した。そしてその二週間後、CDCチームはニューメキシコで捕獲したシカネズミから、同様にヴェーロ細胞でのウイルス分離について詳細な成績を発表したのである。両者の競争は引き分けということになった。

原因ウイルスの命名もまた容易ではなかった。最初は、フォーコーナーズウイルスという名前が提案された。患者が最初に見つかり、そこのシカネズミからウイルスが分離されたためである。ところが、ナバホ自治区の住民が反対した。フォーコーナーズはナバホ自治区の近くで、観光の中心にもなっている場所であるためである。そこで、最初の患者が死亡した場所付近の名をとってムエルトキャニオン（死の谷）という名前が提案された。ところが、アリゾナにある国立公園の中に同じような名前の場所があった。それは、一八〇五年、スペイン軍により百人以上のナバホが大量殺戮されたために付けられた地名であった。その神聖な地域の名前をキラーウイルスに付けるのはナバホに対する侮辱であるということになった。次に提案されたのはコンビクトクリークウイルスである。この場所のシカネズミからウイルスが分離されたことに由来していた。しかし、それはUSAMRIIDチームの成果であり、フォーコーナーズのシカネズミからウイルスを分離したCDCチームが賛成するはずはなかった。一九九四年九月一日、誰も反対しない名前ということで、シンノンブレウイルスが提案された。これが了承され、正式名称となった。シンノンブレ（Sin Nombre）とはスペイン語で「名前がない」という意味である。つまり、「名前のないウイルス」という名前になったのである。[21]

アメリカ大陸全体に潜伏

ＣＤＣは急性の呼吸困難の症状を示した全米の患者について、合成抗原を用いた抗体の検出を開始し、陽性になったヒトについてはさらにＰＣＲ法（ポリメラーゼ連鎖反応法）によるウイルス遺伝子の確認を行った。その結果、フォーコーナーズ以外の地域でもハンタウイルス肺症候群の患者が見つかり始めた。一九九三年六月にテキサス州で死亡した五十八歳の女性が、ハンタウイルス肺症候群と診断された。彼女は発病前の三カ月間、テキサス州から出ていなかった。六月にはルイジアナ州、八月にはネバダ州とノースダコタ州で、七月と九月にはカリフォルニア州で患者が見つかった。これらの患者でフォーコーナーズを訪れたヒトはいなかった。こうして、九月末までに一一の州で三九名の患者が見つかった。この新しい病気は、当初フォーコーナーズ地域で患者が見つかり、ナバホへの差別を引き起こしたが、ナバホに限ったものではなかったのである。

一九九五年五月には、ニューヨーク州で二十五歳の男性が死亡した。この男性は屋外で仕事をしていて、ネズミと接触する機会が多かった。この際に分離されたシンノンブレウイルスはシカシロアシネズミが保有していた。この名前は、シカネズミによく似ているが脚が白いことに由来している。

ハンタウイルス肺症候群は、二〇一二年六月初めから七月半ばにかけて、カリフォルニア州にある、有名なヨセミテ国立公園で再び発生した。観光客六名が発病し、二人が死亡した。八月末、公園は感染が起きた地域のキャビンをすべて閉鎖した。アメリカ合衆国内務省国立公園局は、公園を訪れる観光客に、ネズミがいると思われる地域を避け、ネズミが室内に入りこまないよう注意喚起した。

カナダでは、一九九四年にブリティッシュコロンビア州で最初の患者が見つかり、一九九九年十二月までに、その数は三二名に上った。

中米ではコスタリカ、パナマで患者が見つかり、ウイルスも分離された。南米ではアルゼンチンで一〇〇名を超す患者が見つかっている。最初にアルゼンチンで分離されたハンタウイルスは米国のシンノンブレウイルスによく似てはいたが、はっきりした違いもあり、アンデスウイルスと命名された。ブラジルでは一九九四年にハンタウイルス肺症候群の患者が見つかり、少なくとも十数名への感染が確認されている。

このように、ハンタウイルス肺症候群はアメリカ大陸全体で発生している。原因ウイルスはハンタウイルス属でそれぞれ近縁であるが、まったく同じではない。米国の大部分はシカネズミの保有するシンノンブレウイルスが分布しているが、ニューヨークのシカシロアシネズミが保有するウイルスはニューヨークウイルス、フロリダ半島のコットンラットの保有するウイルスはブラッククリークカナルウイルスといった名前が付けられている。元は同じウイルスだったものが、それぞれのネズミと長い年月共生してきた結果、少しずつ性質の異なるウイルスになったものと考えられる。

ハンタウイルス肺症候群の発見は一九九三年だったが、病気がその時に突然出現したわけではなかった。一九七八年にユタ大学病院で原因不明のまま死亡したアイダホ州の男性の解剖標本を調べた結果、彼もこの病気で死亡していたことが明らかになったのだ。一九九三年に患者が多発した原因には、エルニーニョが関係していると推測されている。フォーコーナーズ一帯では、九三年にシカネズミの数が爆発的に増加した。これは前の年に降り続いた大雨でシカネズミの食糧になる松の実がたくさん実ったためであり、その大雨の原因はエルニーニョである、というわけである。ナバホの老人の話では、このような大雨は一九一八年、三三年、三四年にも起きており、その際にも松の実がたくさん実り、シカネズミの数が増え、そして原因不明の病気が多発したという。

ハンタウイルス肺症候群に効果のある薬はない。別のハンタウイルスである腎症候性出血熱には抗ウイルス剤のリバビリンが効くと言われているが、ハンタウイルス肺症候群の患者では効果は確認できていない。

対策は、ネズミとの接触を避けることである。ハンタウイルスは、ネズミにはほとんど病気を起こさないため、ネズミは一生ウイルスを持ち続ける。そして、尿の中に排出されたウイルスがほこりなどと舞い上がって、それを人間が吸い込むことで感染が起きる。CDCはパンフレットやビデオなどで、家の周囲をきれいにして、ネズミの餌になるような食べ物は蓋のついた容器にしまい、ペットフードもそのまま残さないようにすること、またネズミ取りをしかけることといった、きめ細かな広報活動を行っている。

6　ヘンドラウイルス病

ウマとヒトへの致死的ウイルスの出現

一九九四年九月、オーストラリアのクイーンズランド州ブリスベン郊外のヘンドラにあるサラブレッド競走馬の厩舎で、四一度に達する高熱を発し、鼻から血の混じった泡を吹いて死亡するウマが続出した。近くのキャノンヒルにある競走馬飼育場から九月七日に運ばれてきた二頭のウマのうちの一頭が、移送から二日後に死亡したのが最初だった。続いて二週間の間にさらに一二頭が死亡した。キャノンヒル飼育場でも一頭が同じ症状で死亡し、九月二十七日までに合計二一頭が発病して、一四頭が死亡した。

それだけではなかった。九月十四日には四十歳の厩務員が発病し、翌十五日には四十九歳の調教師ヴィック・レイルが発病した。ふたりともウマと同じような症状であった。ウマが死亡し、そのウマの看病をしていたヒトが二名発病したというニュースは、九月二十二日にクイーンズランド州第一次産業省に伝えられた。新たな感染症が発生したことが疑われたことから、クイーンズランド州政府は九月二十三日にすべての競馬の開催を中止し、クイーンズランド州南東地域一帯でのウマ、ロバ、ラバの移動を禁止した。

死亡した二頭のウマの肺と脾臓のサンプルが、同日の午前一時半にメルボルン近くのジーロングの

CSIROオーストラリア動物衛生研究所に届けられた。CSIROはCommonwealth Scientific and Industrial Research Organization（オーストラリア連邦科学産業研究機構）の略である。ウマだけでなくヒトが発病していたために、検査はレベル4実験室で行われた。

ここでの検査はきわめて迅速に行われ、ウイルス学の進展を見事に反映したものとなった。その時間的経緯を追ってみよう。(26)

サンプル到着一日目は、既知のウイルスが関わっているかどうかを中心に検査が行われた。臨床症状からはアフリカ馬疫という家畜の急性伝染病が疑われたが、PCR法でウイルス遺伝子の検出が試みられた結果、陰性であった。酵素抗体法で既知の種々のウイルスに対する抗体が調べられたが、これも陰性であった。ウマではウマヘルペスウイルスの感染も知られているので、電子顕微鏡で調べられたが、ウイルス粒子は検出されなかった。こうして疑われたウイルスのほとんどが午後四時までに否定された。サンプル到着後一三時間の間に、これらの検査が終了した。

二日目（九月二十四日）、死亡した馬の脾臓と肺の乳剤が健康なウマ二頭に接種され、また種々の培養細胞にも接種された。一方、この日までにブリスベンの第一次産業省の研究所では、除草剤、植物毒、炭疽菌などが原因ではないことの確認が完了した。

四日目（九月二十六日）、培養細胞のひとつであるヴェーロ細胞に特徴的な細胞の変化が見出された。細胞同士が融合して大きな細胞質を形成し、その中に多数の細胞核が存在するようになる変化で、多核巨細胞と呼ばれるものである。これはパラミクソウイルス科に属するウイルスに感染した細胞に見られる特徴的な変化である。この細胞由来のウイルスが、別の健康なウマに接種された。五日目（九月二十七日）、培養細胞でウイルス粒子が検出され、これもまた、パラミクソウイルスに特徴的なものであった。この日、ヴィック・レイルは集中治療室で死亡した。九日目（十月一日）、死亡したウマの材料を接種された二頭のウマが、自然感染したウマと同じ症状を出して発病した。材料を接種してから七日目である。二〜三日してヴェーロ細胞で分離したウイルスを接種されたウマも同じように発病した。

このようにして、死亡したウマからウイルスが分離され、そのウイルスが健康なウマに同じ病気を引き起こすことが確かめられたのである。ヴィック・レイルの腎臓からも同じウイルスが分離され、彼がウマから感染したことが確認された。

このウイルスに対する抗体をほかのウマについて調べたところ、ヘンドラ厩舎のウマ以外には抗体をもったウマは見つからなかった。オーストラリアでは間近にせまった春のカーニバルと競馬のメルボルンカップが中止になるかもしれないと心配されていたが、原因ウイルスが迅速な対応で見つかり、広がっていないことが確認されたことで、カーニバルもメルボルンカップも無事開催することができた。

分離されたウイルスはパラミクソウイルスに特徴的な細胞融合を起こし、また電子顕微鏡による観察でもパラミクソウイルスによく似た粒子が検出された。そのほかのウイルスの性質を調べた結果、パラミクソウイルス科に属するモービリウイルス属に近いことが明らかになった。モービリウイルス属にはヒトの麻疹ウイルスやイヌのジステンパーウイルスなどが含まれるが、これらとは異なる遺伝子構造であることから、ウマモービリウイルスと命名された。

しかし、この名称には最初から批判があった。さらに一年あまり後に、ウイルスの遺伝子全体の配列が決定された結果、モービリウイルス属のウイルスとはかなり異なっていることが明らかになった。また、後で述べるように、これはウマのウイルスではなく、コウモリのウイルスがウマに感染していたことが明らかになった。そこで、最初にウイルスが分離された場所の名前をとって、ヘンドラウイルスという名に改められたのである。

ヘンドラでの発生からほぼ一年後の一九九五年九月、三十五歳の農夫が王立ブリスベン病院に入院した。患者は気分がいらいらしていて、背中が痛み、全身けいれんが二週間続いていた。入院後、全身性のけいれんが起こるようになり、一週間後には半身が麻痺し意識が低下しはじめ、入院二五日後に死亡した。

この男性はクイーンズランド州北東部の町マッカイに住んでいた。また、一九九四年八月に、のどの痛み、頭痛、眠気、吐き気、頸筋の凝りなどが一二日間続いて髄膜炎と診断されたことがあった。しかし、その後完全に回復していた。

この時に採取した血清と一年後の入院の際の血清を調べた結果、ヘンドラウイルスに対する抗体が見つかった。一九九四年には低いレベルの抗体価で、一九九五年の入院六日後も同様であったが、入院一七日目には二〇倍以上も高い抗体価に上昇していた。これは、ウイルスが活発に増殖していたことを示していた。しかも入院六日後の血清にはＩｇＭ抗体も見つかった。* 解剖して脳を調べたところ、ヘンドラウイルスの抗原も検出された。患者はヘンドラウイルス感染による脳炎で死亡したのであった。

家族に聞いてみたところ、髄膜炎を発症する直前、一九九四年八月に獣医である彼の妻が二頭のウマを解剖するのを手伝っていたことがわかった。一頭はアボカド中毒で、もう一頭は毒蛇に咬まれて死亡したと診断されていた。これらのウマの組織がホルマリン漬けで保存されていたので、それらについて調べたところ、ヘンドラウイルスの遺伝子とタンパク質が検出された。ウマの死亡の原因はヘンドラウイルス感染だったのである。そして、患者はウマの解剖の際にヘンドラウイルスに感染し髄膜炎となり、いったんは回復したものの、ウイルスが持続感染していて、再発を起こしたものと推測された。

結局、一九九四年にヘンドラとマッカイという遠く離れたふたつの場所でヘンドラウイルス感染が起こり、合計二三頭のウマが発病し一六頭が死亡、三名のヒトが発病して二名が死亡したことになる。

その後、一九九九年一月にクイーンズランド州の観光地として有名なケアンズで一頭のサラブレッ

＊　ウイルス感染で出現する抗体にはＩｇＭ抗体とＩｇＧ抗体がある。ＩｇＭ抗体は感染後まもなく出現し数週間から数カ月で消失する。それと前後する形でＩｇＧ抗体が出現してきて、これは数年は持続する。したがって、ＩｇＭ抗体の検出は、ごく最近感染が起きたことの間接的証拠になる。

ドがヘンドラウイルス感染で死亡した。この際にはヒトへの感染は起こらなかった。

自然宿主はコウモリ

ヘンドラでの発生直後からウマについて抗体調査が行われ、全部で一九七六頭のウマの血清が調べられた。そのうち、抗体陽性だったのはヘンドラ厩舎にいたウマだけで、ほかはすべて陰性であった。その翌年、マッカイで患者が死亡した直後に、十月末から十一月にかけて、ウマをはじめ、ウシ、ブタ、ニワトリ、イヌ、ネコ、ロバ、ヤギ、アヒル、シチメンチョウ、カメ、その他の野生動物も含めて全部で三二一六の血清が集められた。このうち、検査に適していなかった二一サンプルを除いて、すべて陰性であった。

このようにして哺乳類、爬虫類、両生類、鳥類を含む全部で四六種類の動物から総計五五五〇の血清が集められ、検査されたがすべて陰性であった。これらの動物の中に自然宿主は見つからなかったのである。

マッカイでの発生が、自然宿主探しのヒントになった。マッカイの患者とその感染源になったウマについては、生のサンプルがなかったためにウイルスの分離は行われなかったが、遺伝子構造はヘンドラで分離されたものと同一であるとわかっていた。つまり、同じウイルスが八〇〇キロ離れたふたつの場所で、ほぼ同じ頃にウマへの感染を起こしたことになる。そこで、自然宿主探しには次の三つの条件が考慮された。第一に、自然宿主動物はヘンドラとマッカイの両地域に生息する。第二に、この動物は両地域を移動できる。そして第三に、この動物はウマと接触できる、ということである。

この条件に合致したのは鳥類とコウモリであった。しかし、鳥類がもつウイルスが哺乳類に感染することはまれであるため、哺乳類であるコウモリの方に優先順位が与えられた。オーストラリアには四種類のコウモリ（クロオオコウモリ、メガネオオコウモリ、ハイガシラオオコウモリ、オーストラリアオオコウモリ）が、中北部のダーウィンから南東部のメルボルンにかけて広く生息している。そして、これらすべてのコウモリの血清からヘンドラウイルス抗体が見つかった。ウイルス遺伝子はとくにクロオオコウモリとメガネオオコウモリに多く見つかった(27)。

並行して、腎臓、脾臓、肺などいくつもの組織からウイルスが分離された。オオコウモリがヘンドラウイルスの自然宿主で、ウイルスはそこからまずウマに感染し、さらにヒトに感染していたのである。二〇一三年までに八〇頭以上のウマが死亡し、一七名が感染して四名が死亡していた。

ウマ用のワクチンの開発

ユニフォームド・サービシズ大学のクリストファー・ブロダーのチームは、組換えＤＮＡ技術でヘンドラワクチンのエンベロープタンパク質を産生させ、それを用いたワクチンを開発した。さらに、ＣＳＩＲＯオーストラリア動物衛生研究所で、このワクチンを接種したフェレットが、その後のヘンドラウイルスの攻撃接種で発病しないことを確かめていた。しかし、実用化に協力する製薬企業が見つからずにいた。ところが、二〇一〇年にひとりの子供がヘンドラウイルスに感染したウマと接触したために、免疫血清による治療を受けるという事態が起こった。

これがきっかけで、クイーンズランド州政府と連邦政府の仲介により医薬品メーカーのファイザー社が研究チームに加わった。さらに、二〇一一年、クイーンズランド州とニューサウスウェールズ州ではウマのヘンドラウイルス感染が一八回という高い頻度で発生し、全部で二二頭のウマが安楽死させられた。イヌへの感染も見つかった。この事態を受けて、ウマ用ワクチンの開発が促進され、動物衛生研究所でワクチンの安全性と有効性が確認されて、二〇一二年十一月に発売された。ウマの感染を予防することでヒトへの感染を防ぐワクチンというわけである。

7　ニパウイルス脳炎

既知のウイルス病という誤認(28)

一九九八年九月頃、マレーシアで脳炎の症状を示す患者が見つかり始めた。最初は、マレーシアの首都クアラルンプールから車で二時間ほど北西にあるペラ州イポーの町の周辺からだった。一九九九年二月初めまでに一五名が死亡した。患者は主に成人男性で、いずれもブタに接している人々だった。マレーシアには日本脳炎ウイルスが常在しているので、まず日本脳炎が疑われた。ＷＨＯの日本脳炎協力センターである長崎大学熱帯医学研究所がマレーシア保健省と共同で調査を行った結果、予想通り日本脳炎と診断された。日本脳炎ウイルスはブタの体内で増えたのち、カによってヒトに伝播される。そのため、いつものように、殺虫剤でカを撲滅することとヒトに日本脳炎ワクチンを接種することにより、この流行は阻止できると政府の関係者は考えていた。

ところが一九九八年十二月から一九九九年一月にかけて、今度はイポーから南へ二三〇キロ離れたヌグリスンビラン州のシカマト村で患者が出始め、続いて同じ州のブキペランド村で、さらにその北のスランゴール州でも患者が発生した。この頃までにイポーでは一五名が死亡していた。

日本脳炎と診断されてはいたが、患者の発生状況から日本脳炎とは違う病気らしいことに関係者は気付き始めていた。日本脳炎は主に幼児や老人がかかるのにもかかわらず、今回は大人の男性ばかりが発病していた。もしも日本脳炎だとするとカが媒介するはずだが、患者と同じ家に住んでいてもブタと接触のないヒトは発病していなかった。しかも、患者の大半は日本脳炎のワクチン接種を受けていたのである。患者に共通していたのは、養豚場の所有者またはそこで働いているヒトという点だった。

一方、同じ頃、患者が働いていた養豚場では激しい症状を示して死亡するブタが見つかっていた。過敏になってほかのブタに咬みついたりし、激しい咳とともに血を吐いて死ぬものも現れていた。もともと、日本脳炎ウイルスはブタでは死産や流産を起こすことがある程度で、死亡するような激しい症状は出さない。ブタの症状からも日本脳炎とは違うようだった。

図10　ウイルスを分離したラム・サイ・キット教授と筆者。

三月一日、首都クアラルンプールにあるマラヤ大学医学部教授のラム・サイ・キット（図10）のところに、ヌグリスンビラン州のセレンバン病院から脳炎で死亡したタンクローリー運転手の血清と髄液が検査のために届けられた。ラム研究室のチュア・カウ・ビンが中心になってウイルスの分離が試みられた。種々の培養細胞にサンプルが接種され、そのうち、ヴェーロ細胞で接種五日目にたくさんの核をもった大きな細胞の出現が認められた。これはウイルスが細胞膜と細胞膜を融合させた結果細胞に生じる、多核巨細胞と呼ばれる変化である。これは、そこにウイルスが含まれていることを示していた。さらに、この培養液を正常なヴェーロ細胞に接種しても、同様の多核巨細胞が出現した。つまり、このような細胞の変化を引き起こすウイルスが間違いなく分離されていたのである。

このウイルスの種類を同定するために、チュアの研究室にあった種々のウイルスに対する抗血清で調べてみたところ、分離されたウイルスは日本脳炎ウイルスに対する抗血清とは反応せず、そのほかのウイルスの抗血清とも反応しなかった。彼の研究室で検査可能なウイルスではなかったのだ。

一方、患者の血清と髄液にはこの分離ウイルスに対する抗体が含まれていた。とくに注目されたのは、ＩｇＭ抗体も見出されたことである。ＩｇＭ抗体は感染直後に出現するものである。患者は、この未知の分離ウイルスに感染したばかりだったのだ。この分離ウイルスが、今回の病気の原因ウイルスであった。

三月八日には、ウイルスに感染したヴェーロ細胞が採取され、処理をして十一日に電子顕微鏡で観察された。その結果、直径が一六〇ないし三〇〇ナノメートルのさまざまな形を示す粒子が見つかり、これが原因ウイルスであると推測された（図11）。

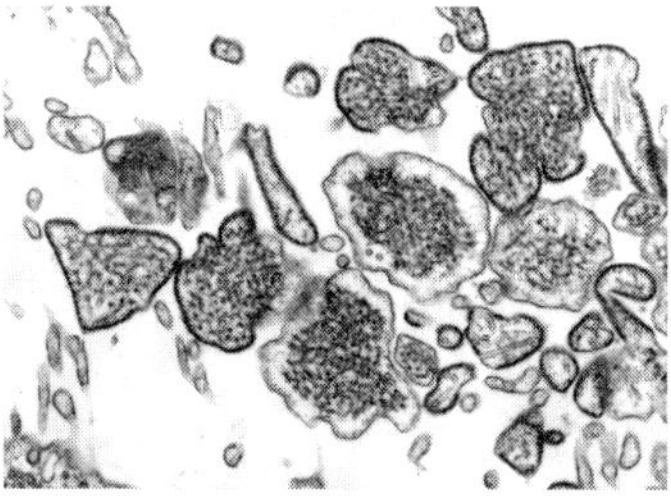

原因ウイルスの片鱗はつかめたが、これ以上の検査は彼の研究室では不可能だと判断された。米国コロラド州フォートコリンズにはCDCの支所があり、アルボウイルスの研究センターの役割を果たしている。アルボウイルスは、前述の日本脳炎ウイルスをはじめとする節足動物が媒介するウイルスの総称であり、脳炎を起こすウイルスが数多く含まれている。ここの支所長のドゥエイン・グーブラーがラムに協力を申し出ていたので、それを受け入れることになった。しかし、宅配便による輸送サービスはすべて拒否されたため、チュアが持参することになった。彼は三月十三日土曜日にフォートコリンズに到着し、週末にただちに検査を行った。電子顕微鏡ではチュアが発見していた粒子がここでも確認された。しかし、この支所にある多数のアルボウイルスの抗血清はどれも反応しなかった。

そこで、チュアは三月十七日にアトランタのCDC本部へ行くことになった。彼がアトランタに到着する二日前にはマレーシア

図11　ニパウイルスの電子顕微鏡写真。脳脊髄液から多くの粒子が分離されている（図版：Cynthia Goldsmith）。

から持参したサンプルが届いていて、それを検査した結果、思いがけない成績がすでに得られていた。
CDCは一九九四年のヘンドラウイルス発生の際に、CSIROオーストラリア動物衛生研究所所長のキース・マレイからヘンドラウイルスに対する抗血清を少量分与してもらっていた。CDCのウイルス部門の最高責任者であるブライアン・マーヒーは、かつて英国動物衛生研究所の海外病研究部門であるパーブライト支所の支所長であった。キース・マレイは同じ支所の室長で、旧知の間柄だったことが協力関係を円滑にしていたようである。

この抗血清が、チュアの持参したウイルスと反応した。ヘンドラウイルスと関係があるという手かりが得られたことから、ウイルスの遺伝子配列の検査が迅速に行われた。そして分離ウイルスの遺伝子の一部の配列から、ヘンドラウイルスに非常に近縁だが、別のウイルスであることが明らかになったのである。チュアがウイルスを分離してから、遺伝子解析でウイルスの本体を明らかにするまで、一七日かかっていた。[27]

ヘンドラウイルスに似た新しいウイルスであるという結果は、チュアがまだアトランタに滞在している間にラムにファックスで伝えられ、マレーシア保健省は三月二十日にヘンドラ様ウイルスが見つかったことを発表した。しかし、当初の日本脳炎という診断に固執し、「日本脳炎とヘンドラ様ウイルスの重感染」と呼ぶようになった。それまで日本脳炎に対する対策として行ったカの駆除や日本脳炎ワクチン接種の正当性を主張するためだったのかもしれない。

ともかく、新しいウイルスによる致死的な感染が起きていること、しかもブタからヒトが感染したことが明らかになった。この直前の三月十三日に、シンガポールの屠畜場の従業員から九名の脳炎と二名の肺炎の患者が見つかり、この人たちの血液でもヘンドラ様ウイルスに対するＩｇＭ抗体が検出された。彼らはマレーシアから輸入したブタを取り扱っていた際に感染していた。そして、このうち一名が死亡した。マレーシアではすでに五四名が死亡しており、とくにヌグリスンビラン州の死亡者は三三名に上っていた。

ここに至って、マレーシア政府は三月十七日、患者発生地域のブタをすべて殺処分する方針を決定した。三月二十日から一カ月にわたって、マレーシア各地から集められた兵士二〇〇〇名以上が、ペラ州、スランゴール州、およびヌグリスンビラン州で八九六農場の九〇万頭あまりのブタの殺処分を行った。一日に平均三万頭が殺されたことになる。これは、マレーシアで飼育されているブタのほぼ半数に相当する。ムスリムはブタを不浄なものとみなして触れるのを避けるため、この作戦に参加したのは非ムスリムの兵士であった。

四月上旬までに、死亡した患者だけでなく、ブタの脳、肺、腎臓からもヘンドラ様ウイルスの抗原とウイルス核酸が検出されていた。ヒトとブタに発生した脳炎は日本脳炎ウイルスによるものではなく、ヘンドラ様ウイルスによることが改めて明らかになったのである。しかし、マレーシア政府はブタの殺処分は日本脳炎ウイルスの伝播を防ぐためだと説明していて、ヘンドラ様ウイルスと日本脳炎ウイルスの重感染という見方を変えなかった。殺処分を行っている最中にも、患者が発生しなかった地域では三六万頭のブタへの日本脳炎ワクチン接種が続けられたのである。このようなマレーシア政府の態度に対して、マレーシア国内だけでなく、海外の感染症専門家からも多くの批判が投げかけられた。

ヘンドラ様ウイルスは、四月十日、ウイルスの分離が行われた患者の住んでいたヌグリスンビラン州のニパ村の名前をとって、ニパウイルスと正式に命名された。マレーシア政府の発表から日本脳炎ウイルスの名前が消えたのは、五月十五日付けの国際獣疫事務局（ＯＩＥ）への報告においてであった。

新種と判明

三月下旬、ＣＤＣからトム・カイアゼクを中心とした八名のチームがマレーシアに到着した。続いて、オーストラリアからのウイルス専門家二名がこれに加わり、調査が開始された。トム・カイアゼクは、これまでハンタウイルス肺症候群をはじめとする多くのエマージングウイルスの血清診断を手がけてきた。彼は早速、ニパウイルスの抗体検査の方法を確立し、これでヒトとブタについて感染の有無がただちに検査できるようになった。

九〇万頭を超すブタの大量殺処分は四月末に終了した。これが功を奏して、患者の発生は三月中旬をピークに減少し始め、四月下旬からは新しい患者は見られなくなった。

ＷＨＯは五月初めに流行の終息を発表した。それまでに入院患者数は二六五名に上り、そのうち一〇五名が死亡した。致死率は四〇％ときわめて高い。もっとも、入院せず回復したヒトもいるので、実際の致死率はこれよりは低いと考えられている。

一方、ヒトへの感染源として殺処分されたブタでは、感染による致死率は五％以下で、ヒトほど重症ではない。しかし、ブタの間での感染力はすさまじく、九五％のブタが抗体陽性だった農場も見つかった。また、ヒトの症状は主に脳炎であったのに対して、ブタでは急性の肺炎であった。とくに一マイル先でも聞こえるような爆発的な咳が特徴的で、一マイル咳症候群とか、吼える豚症候群という別名も付けられた。

ニパウイルスはほかの動物にも感染を起こした。病気が発生した農場の近くで一頭の野犬が死んでいるのが見つかり、調べたところニパウイルスが分離された。ある汚染地域では九二頭のイヌのうち半数近い四三頭でニパウイルス抗体が検出された。

ネコでは二三頭が調べられ、一頭に抗体が検出され、ウイルス感染による病変が確認された。イポーの汚染農場の近くにあるポロ競技場では、四七頭のウマのうち、二頭で高い値の抗体が検出された。とくに症状は見られなかったが、殺処分され、検査の結果ニパウイルスが脳から検出された。もっとも心配されたのは、ネズミへの感染である。クアラルンプール空港の近くには多数のネズミが生息しており、もしもこれらがニパウイルスに感染していると、航空貨物などにまぎれこんで諸外国にニパウイルスを広げるおそれがある。ごく少数のネズミで抗体が見つかったと伝えられているが、詳細は明らかでない。

ニパウイルスの性状はＣＤＣで詳しく調べられた。ウイルスの遺伝子の構造は約八〇％がヘンドラウイルスと一致しており、両ウイルスは同じウイルス属のものとみなされた。そこでヘンドラウイルスとニパウイルスは、パラミクソウイルス科の中の新しい属としてヘニパ属に分類された。

最大の問題は、ニパウイルスはいったいどこから来たのかということであった。オーストラリアのピーター・ダニエルスは、ヘンドラウイルスの自然宿主の解明の経験を生かして、ニパウイルスの自然宿主探しを始めた。四月から一カ月あまりの間に八種のオオコウモリと六種の食虫コウモリの総計三二四の血清を集めて調べた結果、オオコウモリのうち、ジャワオオコウモリ、ヒメオオコウモリ、コイヌガフルーツオオコウモリ、ヨアケオオコウモリの四種からニパウイルスに対する抗体が検出された。

マレーシアではオオコウモリは保護動物であるため、オーストラリアのチームがオオコウモリを射殺してサンプルを集めたことはマレーシアの関係者を驚かせた。マラヤ大学のラムのグループは、別の手段でウイルス分離を試みた。オオコウモリがとまる樹の下に大きなプラスチックのシートを張り、そこに落ちてくる尿を集めたのである。その結果、三晩かかって一〇〇〇個ほどの尿のサンプルを集めることができた。ここからもニパウイルスが分離された。ヘンドラウイルスと同様に、ニパウイルスもオオコウモリが自然宿主であることが明らかになった。

養豚産業の拡大がもたらした感染

ニパウイルス感染は、年間約四〇〇億円規模のマレーシアの養豚産業に壊滅的な打撃を与えた。一九九九年七月末までにブタの頭数は二四〇万頭から一三二万頭に減少し、養豚農家の数は一八八二戸から八二九戸に減少した。マレーシア国内での豚肉の販売量は七〇％低下し、タイ、シンガポール、フィリピンはマレーシアからの豚肉の輸入を禁止した。

殺処分が行われた三つの州では一万一〇〇〇人が家から避難させられた。ブタの殺処分に対する補償は一頭あたりわずか二〇ドル（約二〇〇〇円）であった。農民は八〇ドルを要求して政府への抗議デモを行ったが、無駄に終わった。

マレーシアの養豚産業は二〇世紀半ばに始まり、八〇年代以降に急速に拡大していった。そのきっかけはシンガポール政府が畜産公害のために養豚の禁止を決定し、輸入に頼ることになったことだった。豚肉の輸出が拡大するとともに、住宅密集地にあった養豚場は新しい土地を求めて山の方へと広がっていった。最初にニパウイルス感染が起きたイポーの村の養豚場は、かつて錫の鉱山があった場所に作られた。すぐ横には石灰岩の岩肌があらわな崖があり、この岩場の洞窟にはコウモリの大群が生息している。周辺は水が豊富で、マンゴーやドリアンなどの果物の木が多数生えている。人によって、果物を求めて飛来するコウモリとブタの接触する場所が自然界に作られていたのである。

そして、ハンタウイルスの場合と同様に、患者の発生は一九九八年秋以前にも起きていた。一九九七年一月には、この地域で少なくとも二〇名が発熱を伴う病気となった。そのひとりは八日間昏睡状態に陥った。二年以上たっても、彼はなお、けいれんや言語障害などの後遺症に苦しんでいた。そして、彼の血清からニパウイルス抗体が検出されたのである。

ブタではほとんどが回復する一方で、長い期間ウイルスを血中にもつもの（持続感染している個体）がいる。ウイルスは唾液、鼻汁のような分泌物や尿などの排泄物を介してほかのブタに感染を広げる。しかし、ブタが異なる畜舎の間で感染を広げることはない。ほかの畜舎に感染を広げたのは、ヒトによるブタの移動や、獣医師による診察であった。

前に述べたように、マレーシア政府は当初この病気が日本脳炎によるものだと判断した。毎年出現している病気であり、カの駆除で解決できると考えたのである。殺虫剤の散布を行い、人々にはカに刺されないように注意を呼びかけた。ブタの移動制限などの処置はとらなかった。イポーでブタとヒトが死亡し始め、その間に、一軒の農場からブタがニパ村とブキペランド村に運ばれていった。この地域は東南アジア最大の養豚地帯である。ここにイポーからニパウイルスが運ばれていったのである。

最悪の対応となったのは、ブタへの日本脳炎ワクチン接種である。ブタへのワクチン接種は一本の注射器で繰り返し行われ、人間の場合のように一頭ずつ交換することはない。この注射器を介して、ウイルスが多数のブタに広がってしまったのだ。これはまさに、最初は局地的に密かに発生していたエボラ出血熱が、病院内での注射器の反復使用などにより、一挙に大発生した経緯と同じである。

最初は、ごく一部の農場のブタの間で広がっていたニパウイルス感染は、こうして東南アジア最大の養豚地帯に広がり、さらにヒトへと感染を広げていった。アフリカの出血熱とは異なり、自然宿主からウイルスに感染したのは家畜である。そして、畜産業のシステムに入りこんだウイルスが家畜の間で感染を拡大し、ヒトでの致死的感染を引き起こしたのである。

ウマを介したフィリピンでの発生

二〇一四年四月、ミンダナオ島の村で神経症状を伴う突然死が起きていることがフィリピン国立疫学センターに報告された。WHOとの合同チームが調査した結果、三月から四月にかけて、一七名の患者（一一名が急性脳炎、一名がインフルエンザ様、五名が髄膜炎）が出ていたことが判明した。急性脳炎の例では致死率が八二％で、ほかの症状では死亡はなかった。同じ頃、数頭のウマが神経症状で突然死んでいて、これらは村人が食べてしまっていた。三名の血清から、ニパウイルスに対する中和抗体が検出された。そのうち二名では発病時期から回復にかけて抗体価が上昇していたことから、最近の感染であると推定された。また、一人の血清から、ニパウイルスの遺伝子断片が検出された。

一七名のうちの一〇名は、ウマの殺処分を行ったり、ウマを食べたりしていたが、五名はウマと無関係で、二名は別の地域から来た医療従事者であった(29)。

感染源は、おそらくオオコウモリであり、ウマを介してヒトに移り、ヒト－ヒト感染が起きたと考えられている。

現在も続くバングラデシュとインドでの発生

二〇〇一年四月から五月にかけて、バングラデシュ西部のメヘルプール県で脳炎の集団発生が起こり、九人が死亡した。バングラデシュ保健省とWHOの予備的調査で、日本脳炎、デング熱、マラリアは否定されたが、四二名のうちの二名からニパウイルス抗体が検出された。しかし、それ以上の検査は行われなかった。二〇〇三年一月、隣接するナオガオン県の村で、神経症状を伴う熱性疾患の集団発生が起こり、八人が死亡した。

そこで、米国CDCがメヘルプールとナオガオンのサンプルについてあらためて調査した結果、メヘルプールでは一三例がニパウイルスに感染していたことが明らかにされた。そのうち七名は二つの家族のメンバーだった。ナオガオンでは一二例が見つかり、そのうち七名が二つの家族での集団発生だった。ナオガオンの二匹のインドオオコウモリから、ニパウイルス抗体が検出された。ブタやほかの鳥類では抗体は検出されなかった(30)。

二〇一九年、フランスのパスツール研究所を中心とした研究チームは、二〇〇一年四月から二〇一四年四月までの一四年間におけるバングラデシュでのニパウイルスの伝播についての調査結果を報告した。それによると、発見された二四八例の感染のうち、八二例はヒトからヒトへの感染によるものだった(31)。

インドの西ベンガル州シリグリ市では、二〇〇一年一月から二月にかけて、感覚異常を伴った熱性疾患が発生した。ここは、中国、バングラデシュ、ネパール、ブータンとの国境、インドのシッキム州との州境近くの、人口五〇万人の商業都市である。インド国立ウイルス学研究所による調査の結果、患者は六六名に上っていた。経過が判明した六一名について見ると、最初に一つの病院で発生し、次いでほかの三つの病院でも発生したことが明らかにされた。この発生では、四五名が死亡した(致死率七四%)。患者の七五%は、病院のスタッフ、付き添い、見舞客で、院内感染と考えられた。

シリグリ市は、前述のバングラデシュでのニパウイルス脳炎の発生地域の近くである。米国CDCがニパウイルスについての検査を行った結果、数名にニパウイルスに対するIgM抗体とIgG抗体、さらに尿でニパウイルスの遺伝子断片が検出された。これはインドで初めて見つかったニパウイルス脳炎の発生となった。(32)

二〇一五年十二月、WHOは近い将来に大流行を起こすおそれのある感染症のひとつとしてニパウイルス感染症をあげ、研究の促進を提唱している。

二〇一八年五月には、南西部のケーララ州の病院で家族三名が相次いでウイルス性脳炎の症状で死亡し、担当した看護師も死亡した。血液や体液のPCR検査の結果、ニパウイルス感染によることが確認された。ケーララ州はシリグリ市とは異なり、バングラデシュ西部から北西部にかけてのニパウイルス感染発生地域から七〇〇キロメートルも離れている。発生は、隣接した地域にも広がり、二〇〇〇人以上が健康監視下に置かれた。国際的にも波紋が広がり、アラブ首長国連邦はケーララ州からの果物と野菜の輸入を禁止した。オオコウモリからのウイルス感染経路として、果物などに付着したコウモリの唾液が疑われたためである。

臨床試験の最中だった治療用モノクローナル抗体がオーストラリアから輸入された。合計一七名が死亡し、六月十日、発生の終息が宣言された。

二〇一九年六月には、ケーララ州の別の地域でひとりの学生の感染例が、二〇二〇年六月にも二十三歳男性の感染例が見つかった。二〇〇七年に五名が死亡した発生を含めて、インドで五回目の発生である。

ニパウイルスは、オオコウモリの間で循環しており、オオコウモリからヒトへの直接感染や、家畜を介しての感染が起きているものと思われる。現在は家族内や病院内での感染に限られているが、膨大な人口を抱える地域で、飛沫感染を起こす能力を獲得した場合、新型コロナウイルスと同様の事態になりかねない。

8　ウエストナイル熱

ニューヨークで起きたカラスの大量死

一九九九年八月中旬、ニューヨークのブロンクス動物園を運営する野生動物保護協会で、野生動物の健康管理を受け持っていた獣医病理学者トレイシー・マクナマラは、七月末頃からブロンクス地域のとなりのクイーンズ地域でカラスが大量に死んでいるといううわさを耳にした。最初は殺虫剤の中毒くらいに考えていたが、死亡するカラスの症状はそれとは違っていた。空を飛んでいるカラスがバランスを失って雨のように降ってきたのである。飛べなくなったカラスはけいれんを起こしていた。それはまるで、ヒッチコックの映画のようであったという。解剖してみると、脳に出血を伴った炎症が見つかった。これはウイルスによる脳炎に特徴的な変化である。さらに心臓にも出血があり、心筋炎も起こしていた。死亡数は八月末までに四〇羽に達した。一六年間のブロンクス動物園での勤務中に、彼女はこのようなカラスの死亡を見たことがなかった。

カラスだけではなかった。今度はブロンクス動物園内で飼育している鳥類が死亡し始めた。九月三日、三十四歳のフラミンゴが突然死亡した。さらに九月九日にはもう一羽のフラミンゴが死亡した。解剖してみるといずれも脳に出血性の病変が見つかった。すでに異常事態が起きていることを感じとっていた彼女は、解剖にあたってはフィルターのついた高性能のマスクをつけ、空気感染が起こらないよう注意を払うことにした。

八月初めから九月の第一週にかけて、ブロンクス動物園では、フラミンゴのほかに、ウ、キジ、ハゲワシが死んだ。いずれにも、脳炎と心筋炎の病変が見つかった。強い病原性のウイルス感染が鳥類に起きていることが疑われたが、不思議なことに死んでいるのは屋外の鳥だけで、屋内で飼われているニワトリでは死亡は見られなかった。この時点で、彼女はカが媒介するウイルスを疑い始めていた。そして、このウイルスは鳥類だけではなく、人間にも感染するのではないかとも考え始めていた。

ウイルスの検査は動物園では行えない。ＣＤＣに依頼しようと考えたが、ＣＤＣの管轄は人間の病気であり、フラミンゴの病気は相手にしてくれない。農務省は家畜と家禽が管轄であり、ニワトリならば対応できるが野生の鳥類はだめである。トレイシー・マクナマラは、もしも動物園の外でウシ（cow）が死んでいると言えば農務省はすぐに飛んでくるだろうが、カラス（crow）ではだめだろうと当時語っている。

結局、これらのサンプルの検査は九月一日にアイオワ州エイムズにある農務省国立獣医学研究所に依頼された。もっとも疑われたのは、トリに強い病原性を示すトリインフルエンザウイルスやニューカッスル病ウイルスであったが、すべて陰性であった。脳炎を起こすウイルスで米国に存在するものとしては東部ウマ脳炎ウイルスとベネズエラウマ脳炎ウイルスがあるが、これらも陰性であった。セントルイス脳炎ウイルスも米国に存在するが、鳥類では免疫ができているため、致死的な感染を起こすことはない。そのため、とくに検査の対象とはならなかった。

その一方で、九月十四日に孵化鶏卵とウサギの腎臓細胞培養によって一羽のカラスのサンプルからウイルスが分離された。電子顕微鏡で調べるとウイルス粒子が見つかり、フラビウイルス属のウイルスに似ていた。フラビウイルスの検査のための試薬は獣医学研究所にはなかったため、サンプルがUSAMRIIDに送られ、そこで調べた結果、フラビウイルス属のものであることが確認された。

この頃すでに、ニューヨークでは、次に述べるようにヒトの間でセントルイス脳炎の発生が大きな問題になっていた。これはフラビウイルス属のウイルスのひとつである。ここで、カラスやフラミンゴなどの脳炎とヒトの脳炎の間の関連が初めて疑われることになった。ヒトの病気との関連、つまり公衆衛生に関わる可能性が出てきたことから、九月二十日、このウイルスはコロラド州フォートコリンズにあるCDCのアルボウイルス研究所に送られた。

アルボウイルスはカなどの節足動物が媒介するウイルスの総称で、アルボは「Arthropod-borne

（節足動物媒介）」の略である。世界には五〇〇以上のアルボウイルスが存在しており、フラビウイルス属はその代表である。

ニューヨークで突如見つかった脳炎患者

ブロンクス動物園で鳥類が死亡していた頃、ニューヨーク市民の間では、脳炎患者の集団発生が起きていた。八月十二日、フラッシング医療センター感染症主任のデボラ・アスニス医師は、肺炎を疑わせる発熱や筋肉の麻痺などの症状を示す六十歳の男性患者を診察した。症状からは脳炎が疑われたが、普通の脳炎とは異なっていた。もうひとり同様の患者が見つかり、八月二十三日にこの二名の脳炎患者がニューヨーク市衛生局に報告された。八月二十八日に衛生局の二名の医師がフラッシング医療センターを訪れた際には、患者の数はさらに四名増えていた。その後、同様の患者が二名見つかり、計八名の集団発生となった。夏の終わりに発生する脳炎の場合、カが媒介するウイルスの可能性が考えられることから、患者の血清と髄液が検査のためにフォートコリンズにあるＣＤＣのアルボウイルス研究所に送られた。

北米にはセントルイス脳炎、東部ウマ脳炎、ベネズエラウマ脳炎、西部ウマ脳炎などを引き起こす二〇種類以上のアルボウイルスが存在している。ＣＤＣがそれらについて抗体を調べたところ、セントルイス脳炎ウイルスに対するＩｇＭタイプの抗体が検出された。抗体はウイルスが増殖した結果、血液中に産生されるものなので、ウイルスに感染したことを示す間接的証拠となる。さらに、ＩｇＭ

タイプの抗体の検出は、最近感染したものか昔に感染したものかを区別する際に役立つ。すでに述べたように、ＩｇＭ抗体は感染の初期にしか見つからないからである。セントルイス脳炎ウイルスに対するＩｇＭタイプの抗体が見出されたことから、この脳炎の集団発生はセントルイス脳炎と診断された。

セントルイス脳炎は、一九三二年、イリノイ州パリスで最初に見つかった。翌年、ミズーリ州セントルイスとカンザスシティで少なくとも二〇〇名が死亡するという大発生を起こした。この流行の際にウイルスが分離され、ウイルスにセントルイスの名前が付けられた。その後、主に米国南東部でしばしば発生している。最大の発生は一九七五年で、約二〇〇〇人が発病した。しかし、ニューヨークで発生したことはなかった。

セントルイス脳炎ウイルスは野鳥が保有していて、それをカが媒介してヒトに感染を起こす。九月三日、ニューヨーク市のジュリアーニ市長はカの撲滅作戦を発表した。患者が住んでいるニューヨークのノースクイーンズ地区とサウスブロンクス地区で大規模な殺虫剤散布が開始された。殺虫剤散布の時間は一般に予告され、その時間帯には家の中にとどまるように注意喚起された。空からはヘリコプターや小型機で散布が行われ、地上ではガスマスクをつけた専門業者がカの卵がありそうな溝や古タイヤにたまった水に散布を行った。年間一二万ドルのニューヨーク市のダニ・カ対策費は、九月と十月だけで六〇〇万ドルに上った。

セントルイス脳炎に関する質問と殺虫剤散布申し込みのための緊急電話ホットラインも設けられた。

これには九月末までに一三万本に達する電話がかかってきた。有機リン系殺虫剤は約三〇万缶が配布され、カに刺されないように注意を呼びかけたパンフレット七五万枚が配布された。カがもっとも活動する早朝や夕方には長袖のシャツを着て長いズボンをはくこと、虫よけを塗ること、カの棲みかと思われる場所に近寄らないように、といった注意の呼びかけが、テレビ、ラジオ、新聞、ホームページなどでも広く行われた。思いがけない病気の出現でニューヨークはパニック状態になった。

間違っていたウイルス

セントルイス脳炎ウイルスというCDCの当初の診断は、意外な展開を見せた。九月中旬に、ニューヨーク州衛生局の顧問を務めていたカリフォルニア大学アーヴァイン校エマージング感染症研究部長のイアン・リプキンのところへ、ニューヨークのクイーンズ地区の三名の死亡した脳炎患者のサンプルが送られてきた。その脳の中から見つかった遺伝子は、セントルイス脳炎ウイルスではなく、ウエストナイルウイルスまたはそれに近縁のウイルスであるという結果が出たのである。この結果は九月二十四日に発表された（図12）。

図12　左から筆者、マーヒー、リプキン

この報告を聞いたCDCは、農務省獣医学研究所から送られてきたフラミンゴからの分離ウイルスについて調べた結果、これがウエストナイルウイルス類似のウイルスであることを確認した。続いて患者の脳でも同じウイルスの遺伝子を検出した。ここで初めて、人間と鳥類の脳炎の発生が同じウイルスによることが明らかになった。しかも、その原因ウイルスはセントルイス脳炎ウイルスではなく、ウエストナイルウイルスもしくはそれに近いウイルスであった。

発生からの経過を振り返ると、患者の発生が問題になってから脳炎ウイルスが犯人と判明するまでに一一日かかり、その時点でカの駆除対策が始められた。そして真の犯人が見つかるまでに、さらに二一日かかっていた。

ウエストナイルウイルスとセントルイス脳炎ウイルスはともにフラビウイルス科フラビウイルス属に分類されており、この中には日本脳炎ウイルスも含まれている。このほかに、ウエストナイルウイルスにもっとも近縁のウイルスとしてクンジンウイルスという名前のウイルスがある。それらを区別するのは、抗体を調べるだけではきわめてむずかしい。ウイルス遺伝子の配列を調べるのがもっとも確実である。しかし、これまでに明らかになっていたのはウイルスの遺伝子の一部の断片の配列であった。そこで、ＣＤＣとカリフォルニア大学の間でのウイルス遺伝子の全配列を決定する競争が始まった。ウエストナイルウイルスは、アフリカから中近東にかけて存在している。クンジンウイルスはオーストラリアにだけ存在している。ウイルスの身元をはっきりさせることは、そのウイルスが世界のどこから来たのかを知る重要な手がかりを得ることを意味していた。

当初は慎重を期してウエストナイル様ウイルスと呼ばれていたものが、ＣＤＣでウイルスの遺伝子配列が決定され、正式にウエストナイルウイルスと呼ばれるようになったのは十月末のことであった。ウエストナイルウイルスは、一九三七年にウガンダのウエストナイル地方で発熱した成人女性から分離されたもので、ウイルスの名前はこの地名に由来する。これまでアフリカ、中近東、西アジアなど東半球で見つかっていたが、米国をはじめ西半球で分離されたことはまったくなかった。そのウイルスがニューヨークに出現することは、完全に予想外の出来事であった。ＣＤＣの特殊病原部部長のＣ・Ｊ・ピータースは、「もしもアメリカで蹄の音が聞こえればウマを想像するだろう。誰もシマウマとは思わないだろう」と語った。アメリカに存在するセントルイス脳炎がウマで、ウエストナイルウイルスがシマウマ、というわけである。[28]

ヨーロッパでの増加

ウエストナイルウイルスは、野鳥とカの間で循環しているウイルスである。野鳥は発病するとやがて死亡するが、アヒルやハトの体内では、時には半年も病気を起こさずにウイルスが持続感染することもある。野鳥がウイルスに感染すると、その体内で増殖したウイルスは血液にでてくる。感染した野鳥の血を吸ったカは別の野鳥に感染を広げる。カの体内で増殖したウイルスはカとともに越冬して、翌年また新しい感染の輪を広げる。野鳥以外に、ヒトをはじめウマ、ウシ、イヌなど多くの種類の哺乳類にも感染し、脳炎を起こす。ウイルスはダニから分離されることもあるので、蚊の代わりにダニもウイルスの媒介に関わっているようだ。ヒトが感染すると、発熱、悪寒、眼や筋肉の痛み、頭痛とともに脳炎の症状を起こす。

ウエストナイル熱の最初の流行は、一九五〇年から五四年にかけてイスラエルで起きた。一九五〇年代には、エジプトとスーダンでは珍しいものではなくなっていた。とくに、ナイルデルタ地域では住民の六〇%が青年に達するまでに感染していた。デルタ地帯で多発するのは、ここがカの繁殖地であるためである。フランスのローヌ川のデルタ地帯でも、一九六二年から六五年にかけてウエストナイル熱が発生した。一九七四年にはアフリカで最大の流行が南アフリカで起きた。これは乾燥地帯に大雨が降ったあとにカが大量発生して起きたもので、約三〇〇〇人が発病した。

一九九六年には、ルーマニアの首都ブカレストを中心にルーマニア南東部に発生して三九三名の患者が確認された。それ以外に無症状の感染者もかなり出たと推定されている。その際の致死率は四–八%であった。ついでだが、この流行で分離されたウイルスは最初クンジンウイルスとみなされており、CDCが遺伝子解析を行った結果、ウエストナイルウイルスだと判明したいきさつがあった。両ウイルスはそれほどよく似ている。クンジンウイルスについては、元はウエストナイルウイルスだったものがオーストラリアにたまたま侵入して、現地のカや動物の身体の中でクンジンウイルスに変わったという説すらある。

一九九七年七月にチェコ共和国は大雨に見舞われ、モラヴァ川では洪水が起こり、その後でカが大発生した。一万匹以上のカを採取して調べた結果、見つかったいくつかのウイルスの中に、ウエストナイルウイルスがいた。それまで中央ヨーロッパでウエストナイル熱の患者が見つかったことはなかった。そこで、六月末から九月末にかけて病院に入院していた六〇〇名あまりのヒトの血清を調べたところ、五名がウエストナイル熱と診断された。

ニューヨークでの発生が起きていた頃、一九九九年七月から一〇月にかけてロシア南部で八〇〇名以上の患者が発生し、四〇名が死亡した。

大雨による洪水、灌漑、地球温暖化による気温上昇などの環境の変化でカの発生が増加することにより、ウエストナイル熱は、ヨーロッパでも時折局地的に大きな発生を起こすことが指摘されている。これらのほかに、スペイン、ポルトガル、クロアチア、キプロス、イタリアなどでも患者が発生している。ウイルスはさらにパキスタンやインドでも見つかっている。アフリカからユーラシアにかけて広く存在していると言える。

なぜこれほど広域にウイルスが存在するのか。ウエストナイルウイルスは、アフリカからヨーロッパにかけて、渡り鳥に運ばれて循環しているようである。この循環に大きな役割を果たしているのがコウノトリである。コウノトリは北はポーランドやドイツで五月に孵化し、七月には移動を始めて八月中旬には中近東に到達する。その後、エジプトへ南下し、リフトバレーを経て南アフリカに到着するのが主な移動ルートである。一九九八年八月末、イスラエルでは、一二〇〇羽もの若いコウノトリが例年にない強い向かい風で南下を妨げられ、疲労しきっているのが見つかった。そして九月から十月にかけて死亡したコウノトリがテルアビブの近くのキムロン獣医学研究所に持ち込まれ、それらからウエストナイルウイルスが分離された。

イスラエルでは、同じ年にガチョウの間でウエストナイルウイルス感染が発生し、ウイルスが分離された。これは一九九六年以降にヨーロッパで流行しているウイルスがコウノトリによって運ばれてきて、イスラエルのガチョウに感染を起こしたものと推測されている。

海を越えたウイルス

ニューヨークのウエストナイル熱は、米国で二十世紀最後に起きた重要な感染症の発生となった。最初の患者が発病した八月二日以来、九月二十二日の最後の患者発生までの一月半あまりの間に六二名の患者が発生し、そのうち、七名が死亡した。

ウエストナイルウイルスの感染はヒトだけではなく、ウマにもおよび、脳炎を起こした。ニューヨークでの最初の患者発生から三週間あまり後、ニューヨークのロングアイランドで何頭かのウマが神経症状を示しているのを獣医師が見つけた。ニューヨーク州農務局が調査を行った結果、全部で二五頭の発病馬が確認され、そのうち九頭が死亡もしくは安楽死させられた。さらに、そのほかに症状は示していないが抗体が陽性のウマが三一頭見つかった。無症状感染が起きていたのである。ウエストナイルウイルスがウマに脳炎を起こすことはそれまでにも知られていて、一九九六年にはモロッコで九四頭、一九九八年にはイタリアで一四頭が発病し、いずれも四〇%以上が死亡していた。

一方、一九九九年末までに五五〇羽以上の死亡したトリが検査され、そのうち、一九四羽で感染が確認された。すべて野鳥であり、養鶏場のニワトリには感染は見つかっていない。

ニューヨークで分離されたウエストナイルウイルスの遺伝子の構造は、イスラエルで一九九八年に分離されたウイルスとほとんど同じであった。だからといって、このウイルスが中近東から米国に持ち込まれたものかどうかはわからない。ヨーロッパからアフリカにかけて、このウイルスはコウノトリなどによって循環していると考えられるからである。ウイルスがどのようにして海を越えて米国に運ばれたのかは謎である。鳥類、ヒト、カのどれもがウイルスの運び屋になりうる。どれが持ち込んだかはまったく不明である。

鳥類だとすると、一番疑わしいのは野鳥である。海を越えてくる野鳥は、渡り鳥か輸入野鳥のいずれかである。ヨーロッパや中近東では渡り鳥がウイルスの運び屋になっている。しかし渡り鳥は通常南北を移動し、東西の移動はしない。したがって、渡り鳥がウイルスを持ち込む可能性は低いという意見もある。輸入野鳥の場合を考えてみると、米国では一九九二年に野鳥保護法を制定し、野鳥の輸入は一部を除いてすべて禁止されている。輸入が認められている野鳥に対しては三〇日間の検疫が義務づけられている。したがって、もしもウイルスを持っている野鳥がいれば、検疫期間の間に発病するので見つけることができるはずである。輸入野鳥がウイルスを持ち込む可能性は低いが、現実には密輸される野鳥がかなりいるので、これらの密輸野鳥がウイルスも輸入したのかもしれない。

一方、ヒトはどの方角にも短時間で移動できる。たまたま中近東などでカに刺されて感染したヒトが帰国して、さらにアメリカのカがたまたまそのヒトを刺してウイルスを保有するようになり、そのカから野鳥へとウイルスが広がった可能性もある。ヒト－ヒト感染は起きないため、いくつかの偶然が必要になるが、ひとりのヒトからでも、カと野鳥の間のサイクルができる可能性があるのである。また、実はカが海を越えた可能性もある。ニューヨークにはふたつの国際空港があるため、飛行機にまぎれこんだカから発生した可能性も否定はできない。

ウエストナイルウイルスがニューヨークで見つかったという報告を、治安当局はまったく別の視点で受け止めた。一九九八年にイラクからの亡命者の話として、サダム・フセインがウエストナイルウイルスを生物兵器として開発していて、それを実際に放出する準備をしているというニュースがあったのである。しかも実際に、一九九〇年に湾岸戦争が起きた際にイラクの生物兵器開発が問題となり、調査の結果、一九八五年にCDCがウエストナイルウイルスをイラクの研究者に送っていたことが明らかになっていた。そこでCIAは、イラクがニューヨークにウエストナイルウイルスを放出した可能性を調査したと伝えられている。

米国への定着

徹底的なカの撲滅作戦と、秋になりカがいなくなったことにより、ウエストナイル熱の発生はいったん収束した。しかし、二〇〇〇年三月にはニューヨークで越冬しているカからウイルスが分離された。このウイルスはカから幼虫に垂直感染するので、カの間でウイルスが伝えられている可能性がある。七月になると、死んだカラスからウエストナイルウイルスが分離され始め、ウイルスを持ったカも発見され始めた。

七月中旬には殺虫剤の散布が再び始められた。当時ファーストレディだったヒラリー・クリントンの住宅の地域も含まれていた。殺虫剤の大量散布に対しては環境保護団体からの批判も起きていたが、市当局はトリや魚や昆虫よりもヒトの命を守る方が重要だと反論していた。

七月二十四日、ニューヨーク市のジュリアーニ市長はセントラルパークで例年開かれているニューヨークフィルハーモニー管弦楽団の無料コンサートの中止を発表した。ウイルスを保有するカが公園の近くでも見つかっており、三万人ものヒトが集まる中で、もしもひとりでも感染が起きたらという懸念からである。そして殺虫剤の散布が行われた。九月に開かれたミレニアムサミットでも、会場となった国連ビルの周辺で殺虫剤が散布された。

八月に入ってまもなく、ニューヨークで一名のウエストナイル熱患者が見つかった。十月末の時点でその数は十八名に達し、そのうち一名が死亡し、一名は植物状態になった。また、三〇〇〇羽近くの野鳥が死亡した。六五頭のウマも感染し、はげしい脳炎を起こした。これらの感染はニューヨーク州をはじめ、コネチカット、メリーランド、マサチューセッツ、ニューハンプシャー、ペンシルバニア、ニュージャージー、ノースカロライナなど一二州にわたっていた。ウイルスは、三年後には全米に広がった。二〇一九年には、四七の州とワシントンDCで九五八例の患者が報告されている。

ニューヨークに出現したウエストナイルウイルスは、ニパウイルスの場合と同様に、当初は別のウイルス（セントルイス脳炎ウイルス）と誤認され、あとから別の地域に常在するウイルスと判明した。つまり、リエマージング（再興）ウイルスということになる。なおニパウイルスの場合とは異なり、両者は「カが媒介する」という点で共通していたため、幸いにも対策の遅れにはつながらなかった。

このウイルスの例が示す通り、グローバル化による人や物資の移動の増加により、膨大な件数の既存の感染症例の中に、遠く離れた地域の生物を宿主とするウイルス感染症が紛れ込み、その地域にとってのエマージングウイルスとなることが容易になりつつある。ウイルス学が進歩し検出技術が高速化する一方で、それと競うようにウイルスの拡散速度もまた上がり続けているのである。

日本にウエストナイルウイルスは侵入するか

ウエストナイルウイルスは日本脳炎ウイルスと同じグループに属する。日本ではかつて日本脳炎が流行していたが、現在では患者はほとんど出ていない。ウイルスがいなくなったというわけではない。厚生労働省では毎年ブタについて日本脳炎ウイルス抗体の測定を行っている。日本脳炎ウイルスはまずブタに感染し、その体内で増えたウイルスがカによってヒトへ媒介されるため、ブタでの抗体の出現状況から、その年の流行状況を予測するのである。これによれば、毎年、春にまず九州のブタで抗体が出現し、だんだん北上し夏までに青森まで到達する。本州全体に日本脳炎ウイルスは広がっている。時には北海道のブタでも抗体が見つかることがある。

ヒトで患者が出なくなったのは、都市化が進んで媒介カであるコガタアカイエカに刺されることが少なくなったためではないかと想像されているが、はっきりした理由はわかっていない。

ニューヨークでウエストナイルウイルスを媒介しているのは日本に生息するコガタアカイエカと同

じグループのイエカであり、そのほかにヤブカでもウエストナイルウイルスが見つかっている。ヤブカは日本にも多数生息している。したがって、もし日本にウエストナイルウイルスが侵入すれば、そこにはウイルスを媒介するカが待ち受けていることになる。

そして、もしも都内に数多く生息するカラスなどに感染すれば、ニューヨークと同じ事態が起こる可能性があるだろう。

9　エマージング感染症の背景

人間の活動がエマージングウイルスの出現をうながしている

マールブルグ病からウエストナイル熱まで、動物由来感染症の代表例を紹介してきた。ここに取り上げたものはまた、エマージング感染症の典型例でもある。それぞれの発生事例が示すように、エマージング感染症の中でも特にウイルスによるものは、高い致死率や激しい症状などを特徴としている。そのために社会に与えるインパクトも大きく、人々に強烈な印象をもたらしてきた。

本章冒頭でも概説したように、エマージングウイルスとして問題になっているものの多くは、もともと自然宿主と共存関係を保ちつつ存続してきたものである。エマージング（出現）と言っても、これまで存在しなかったウイルスがある日突然に誕生したわけではない。人間の見えないところでひそかに動物と共存してきたウイルスが、われわれの見えるところに出てきただけなのである。

では、これまで未知であったウイルスが、なぜこのように次々と人間の前に姿を現すようになったのであろうか。個々のエマージングウイルスへの理解と同じように、未知のウイルスが出現してきた背景にも注意が払われねばならない。

エマージングウイルス出現の背後には、現代社会の発展が深く関わっている。ここでは大きく二つに分けて見ていくことにしよう。

農業発展、都市化、戦争、森林開発

たとえば、ハンタウイルス病で取り上げた腎症候性出血熱の原因ウイルスは、世界各地に生息する齧歯類を自然宿主としている。そのひとつであるセスジネズミは中国大陸を中心とした東アジア一帯に広く見られ、中国では毎年、稲の収穫期に腎症候性出血熱の患者が増加する傾向がある。稲はネズミにとっても重要な食料源であり、ここにヒトとネズミの接点が生まれ、感染が起こると考えられている。

アルゼンチンではかつて牧草地帯であった草原が、農業の進展・拡大とともにとうもろこし畑に変えられ、それに伴ってアルゼンチンヨルマウスの数が急増することになった。このことは、アルゼンチンヨルマウスを自然宿主とするフニンウイルス（ラッサウイルスと同じアレナウイルス科に属する）

がヒトに感染する機会をも増やすことになり、アルゼンチン出血熱の発生につながった。
ラッサ熱の原因ウイルスであるラッサウイルスは、大型ネズミの一種であるマストミスを自然宿主としている。マストミスはアフリカなどの熱帯地域を中心として、人家の周辺に生息している。人口増や都市部への人口集中などに伴って人家が増え、マストミスの数もそれと並行して増加し、ラッサウイルス感染の機会を増大させていると考えられている。

戦争もまた、人間と野生動物を宿主とするウイルスとの接点を増加させる。一九五〇年から五三年の朝鮮戦争では、セスジネズミを自然宿主とするハンタウイルス感染の機会が増大し、国連軍兵士に腎症候性出血熱（当時は韓国型出血熱と呼ばれた）が多発した。一九九二年から一九九五年まで続いたボスニア・ヘルツェゴビナでの内戦でも、やはり腎症候性出血熱が多発していた。

リフトバレー熱は、ヒツジとウシに流産や奇形を起こす感染症として古くから重要視されてきた病気で、その原因はブニヤウイルス科に属するリフトバレーウイルスである。エジプトでは一九七七年からこの病気がヒトの間で大規模な流行を起こし、約一万八〇〇〇人が感染し、五九八名が死亡した。実際の感染者数は二〇万人とも推測されている。原因ははっきりしていないが、アスワンハイダムの建設のためにヒトと家畜の大々的な移動が起き、家畜の持ち込んだウイルスによって流行が起きたと推測されている。

このようにさまざまな要因や契機から、人間の活動が野生動物の生息環境に、つまりウイルスの生息環境に入り込んでいくことによって、エマージング感染症が多発する結果となっているのである。

国際的な人・物の移動

グローバリゼーションが進んだ今日、先進社会と未開の奥地との距離差はほとんどなくなった。アフリカ産のミドリザルが感染源となってヨーロッパに持ち込まれたマールブルグ病は、そのことをわれわれに教えた最初の例となった。また、米国の首都ワシントン近郊の霊長類検疫施設に出現したカニクイザルのエボラウイルス感染も同様の事例である。当時は、ウイルス専門家の誰ひとりとして、フィリピンに生息するサルがエボラウイルスを持ち込むという事態を予想していなかった。

また、ウイルスの媒介がいつも動物によって起こるとは限らない。アフリカからの帰国者によってラッサウイルスが持ち込まれた事例は、米国や日本ですでに起きていた。人と動物、物の国際的な移動はウイルスの長距離移動をも可能にし、感染症に国境はなくなっている。この傾向は二十一世紀に入ってさらに加速していると言えるだろう。

野生動物に進出するエマージングウイルス

「エマージングウイルス」というと、野生動物から人間社会に進出したウイルスが注目されやすいが、ウイルスが新たな野生動物集団へと進出する場合もある。

マールブルグウイルスとエボラウイルスは同じフィロウイルス科に属するウイルスであるが、前述のように、まったく予測できない形で、世界各地でのさまざまな動物から発生してきた。マールブルグウイルス発生の原因はアフリカから運ばれたミドリザルであったが、ミドリザルは自然宿主ではなく、ヒトと同様に被害者であった。また、エボラウイルスの例では、コートジボアールでの研究者の感染とガボンでの現地人の感染は、いずれもチンパンジーが感染源であった。そして、チンパンジーもまた被害者であった。コンゴ共和国のロッシ・ゴリラ保護区では、二〇〇六年の調査で個体識別されていた二三八頭のゴリラのうち、二二一頭（九三％）がエボラウイルス感染で死亡したと推定された。二〇〇六年の「サイエンス」誌に、少なくとも五〇〇〇頭のゴリラが死亡したという推定が発表され、翌年にニシゴリラは「絶滅の危険に瀕している種」に指定された。

野生動物とウイルスの問題は、アフリカや東南アジアの熱帯雨林に限ったものではない。米国ではアライグマとコウモリが狂犬病ウイルスの主な自然宿主となっている。アライグマの狂犬病はかつてはフロリダ州周辺に限られていたのだが、狩猟用に同州からアライグマを持ち込んで山野に放したのがきっかけに、狂犬病も東海岸一帯に広がったとみなされている。

さらに、野生動物の間でもエマージングウイルスによる致死的な病気が起きている。一九八〇年代末には一万四〇〇〇頭以上のアザラシが死亡し、大きな問題となった。これはジステンパーウイルスに近縁の、アザラシジステンパーウイルスという新しいウイルスが原因であった。また、北アイルランドやスペイン沿岸では、多数のイルカがイルカジステンパーウイルスと名づけられた新しいウイルスで死亡する事件が起きた。これらのウイルスがどこから来たのかは明らかではないが、昔から水棲の動物の間で小さな流行を起こしていたウイルスが、なんらかの理由で大流行を起こしたものと推測されている。

一方、一九八〇年代には、バイカル湖で数千頭のアザラシが死亡したが、これは私の友人トム・バレットにより、湖周辺のイヌから感染したジステンパーウイルスが原因であることが明らかにされた。日本の近海のアザラシやイルカについては、東京大学の甲斐知恵子が、日本に回遊してくるアザラシ類やイルカ類などで、これらのウイルスに対する抗体がかなりの頻度で存在することを明らかにしている。

海洋と同様に、陸の野生動物にも新たなウイルス感染症が起きている。タンザニアやケニアのライオンがジステンパーウイルスによって死亡したのはその一例である。タンザニアのセレンゲティ国立公園では、推定三〇〇〇頭のライオンが二〇〇〇頭に減少した。その多くは、周囲の村の飼い犬からジステンパーウイルスが持ち込まれたことが原因と推測されている。ライオン救済プロジェクトが発足して周辺のイヌにジステンパーワクチンが接種された。その結果、ライオンの数は戻ってきた。しかし、特定の動物種の保護は、ほかの動物種に負の影響を与えた。チーターがライオンに襲われるようになったために減少したのである。

また、ケニアのサファリでは、アフリカ野牛などのウシ科の野生動物に牛疫ウイルス感染が起きていた。これはサファリ周辺に人家が増え、そこで飼われている家畜のウシと野生動物が同じ水飲み場を利用することから感染が広がったと推測されている。

このようにエマージングウイルスは、野生動物からヒトや家畜へ感染するだけでなく、逆に、家畜を含む人間社会の側から野生動物に感染を持ち込んでいる例も多い。ウイルスの移動は一方通行でなく、双方向的である。エマージングウイルスの背景を考える際には、人間社会が野生動物の生態系に影響を及ぼしている側面も見逃してはならない。

第3章　新型コロナウイルス

第2章では、さまざまなエマージングウイルスの事例を紹介した。それらはどれも、「未知の症状」を現場の医師が発見することから始まった。膨大な数の既知の病気の症例に紛れ込んでいる発生初期のわずかな症例を、いかに現場の慧眼が発見し、その原因がエマージングウイルスであることを専門家が確定し、その性質を把握し、国際機関や政府が迅速に対応策を実行できるか。その対応力は、これまでの事例の数々を見てもわかる通り、ウイルス学とともに急速に進歩してきた。しかしその一方で、ヒトや、ヒトによる動物と物資の移動も増加し続け、ウイルスの拡散力を強めている。人類とウイルスの競争は、二〇〇〇年以降、さらに激化している。

コロナウイルスのグループからは、二〇〇〇年以降に、三度エマージングウイルスが出現した。これらの三種のウイルスの経緯を見る前に、まずコロナウイルスというグループについてどこまでわかっているのかを見ていこう。

初期対応において、既存のウイルスについての情報はきわめて重要である。ワクチンや治療薬などの生物学的な予防手段が限られている段階では、ウイルスについての情報をできる限り把握し、それをもとに「ウイルスの運び屋」の振る舞いを変えることがもっとも有効な防御手段となるからである。運び屋がヒトの場合には、それは自身の行動を制限することを意味する。

1　コロナウイルスの特徴

多種多様なコロナウイルス

一九三一年、米国ノースダコタ州で、孵化二、三日後のニワトリのヒナに呼吸器疾患が見つかった。喘ぎ、うなだれていたのが特徴的だった。三〇%から九〇%ものヒナが死亡し、解剖してみると、気管支から気管にかけて粘液がつまっていた。気管支の粘液を健康なヒナに接種すると、容易に病気を移すことができた。同じような病気が米国中部に広がっており、伝染性気管支炎と名づけられた。これがウイルスによる病気であることは、一九三七年、F・R・ボーデットとC・B・ハドソンが孵化鶏卵に接種することで、初めて明らかにされた。これが最初に発見されたコロナウイルスである。一九五〇年代には、ブタ伝染性胃腸炎ウイルス、ネコ伝染性腹膜炎ウイルス、マウス肝炎ウイルスなどが見つかった。これらは、一九六〇年代にヒトの風邪ウイルスにコロナウイルスという名前が付けられた際に、同じコロナウイルスの仲間に入れられた。

コロナウイルスはα、β、γ、δの四つのグループに分けられている。αとβはコウモリの間を循環しているウイルスから、γとδは野鳥の間を循環しているウイルスから進化してきた。αコロナウイルスはヒト、ネコ、イヌ、ブタ、フェレットなどから、βコロナウイルスはヒト、ウシ、ウマ、キリン、レイヨウ、マウスなどから、γコロナウイルスは野鳥、ニワトリ、イルカなどから、δコロナウイルスは野鳥、ブタ、ベンガルヤマネコなどから見出されている。このように数多くの亜種が存在しており、それらは哺乳類を中心にさまざまな宿主に感染しているが、元はただ一種のウイルスだったと考えられている。

コロナウイルスの共通祖先は、まず約一万年前にコウモリのウイルス（αとβの共通祖先）と野鳥のウイルス（γとδの共通祖先）に分かれた。その後それぞれ進化を続け、αは約四四〇〇年前、βは約五三〇〇年前、γは約四八〇〇年前、δは約五〇〇〇年前に、それぞれの共通祖先ウイルスが分かれ、さらに各グループ内で分化してきたと推定されている（図13）[1]。

そして現在、そのうちの七種がヒトに感染している。αコロナウイルスでは、風邪のウイルスである229EウイルスとNL63ウイルス、βコロナウイルスでは、風邪のウイルスであるOC43ウイルスとHKU1ウイルスのほかに、SARS、MERS、COVID‐19のウイルスがある。

図 13　コロナウイルスの分化

生存戦略にたけたコロナウイルス

コウモリは、前述のように、エボラウイルス、マールブルグウイルス、ヘンドラウイルス、ニパウイルス、コロナウイルスの自然宿主であり、ほかにも多くの未知のウイルスを保有しているとみなされている。コウモリは、いわばウイルスの貯蔵庫になっているのである。また、ある調査では、コウモリから一三七種ものウイルスが見つかっていて、そのうちの六一種がヒトに感染しうるとされている。コウモリは自力飛翔できる唯一の哺乳類で、中には数百キロも移動する種もある。そのため、ウイルスは広い地域に伝播されうることになる。大きな群れとなって生息する習性があり、たとえばオヒキコウモリでは一平方メートルあたり三〇〇〇匹も群がる。密集する習性があるということは、個体間でウイルスが伝播しやすいことを意味する。寿命は平均二〇年くらいと長い。コウモリは、ウイルスの存続のしやすさと多様な哺乳類に対する伝播のしやすさという点で、最適な条件を備えた動物と言える。

一方、コロナウイルスは一本鎖RNAウイルスであり、その塩基数は約三万である。これは、RNAウイルスの中でもっとも多い。たとえば、インフルエンザウイルスの塩基数は約一万五〇〇〇である。天然痘ウイルスのような二本鎖DNAウイルスは、一本のDNAに変異が起きても相補的なもう一本のDNAを鋳型として修復されるが、一本鎖RNAウイルスでは修復されない。そのため、一般にRNAウイルスは複製の際のコピーミスが起きやすく、変異が起きやすいと言える。

では、長大なRNAを持つコロナウイルスはとくに変異が起きやすいのだろうか。そうとも言い切れないようだ。コロナウイルスにおいてもインフルエンザウイルスと同様に変異が起きているが、その一方でコロナウイルスは、ほかのRNAウイルスと異なり、その大きなゲノムの中に独自の修復システムを備えている。これはnsp14*という酵素で、複製の際に間違った塩基が入るとそれを削除する機能をもっている。このシステムはおそらく、大きなゲノムに変異が入り過ぎないように調節し

＊　nspは非構造タンパク質（non-structural protein）の略で、ウイルス粒子の構成成分に組みこまれないことを意味している。

ているものと考えられている。[2] こうして、コロナウイルスはコウモリの間で徐々に変異を起こしながら進化し続けてきた。さらに、ほかのコロナウイルスと遺伝子の一部を組み換えること（相同組み換え）も知られている。こうして、種の壁を越えてさまざまな動物へと宿主域を広げてきたというわけである。コロナウイルスは、現在哺乳類に感染しているウイルスの中で、とくに生存戦略に長けていると言えよう。

2　最初のコロナウイルスの発見

人体実験で分離された風邪ウイルス

英国の風邪研究ユニットのデイヴィッド・ティレルは、一九五七年以来、風邪の原因ウイルスの分離を試みていた。当時、ウイルス学は細胞培養の時代を迎えていた。彼は、十年ほど前にヒト胎児の組織培養法を開発してポリオウイルスを増殖させることに成功したジョン・エンダースや、組織をばらばらにした細胞での培養により経口ポリオワクチンを開発したアルバート・セービンからアドバイスをもらって、男子学校の寄宿舎で流行っていた風邪の患者のサンプルを細胞培養に接種していたが、ポリオウイルスの場合に見られる細胞破壊（細胞変性効果）を起こすウイルスは見つからなかった。

一九六五年、ティレルはヒト胎児の気管の組織を小さな四角の断片に切って、培養液に浸す器官培養を試すことにした。風邪のウイルスが増える場所と考えられる気管を取り上げたのである。数日後に培養液をボランティアの鼻にたらすと、風邪になった。この培養液を再び新しい器官培養に加えて、しばらくして採取した培養液も、風邪を起こした。試験管の中で気管の細胞が生きていて、その中でウイルスが増えていたのである。

しかし、気管組織には目立った変化は見られなかった。ティレルは、どのようにしたらボランティアに頼らずにウイルスを検出できるかについて悩んでいた。最終的に、ロンドン、聖トーマス病院の新任教授トニー・ウォーターソンに相談することにした。ウォーターソンは、ちょうどジューン・アルメイダという電子顕微鏡技師を採用したところであった。アルメイダが気管培養組織からサンプルを調製して観察したところ、ウイルスはインフルエンザウイルスに似ているが、周囲を輪が取り囲んでいることに気付いた。彼女は、これによく似たウイルスを二度見たことを思い出した。ひとつはニワトリの伝染性気管支炎、もうひとつはマウス肝炎だった。彼女はその成績を論文で投稿していたのだが、学歴のない検査技師の論文は受理されていなかった。彼女は、これら三つが新しいウイルスグループのものということに気付いた。そして、コロナウイルスの名前を提唱したのである。コロナはラテン語で冠を意味している(3)。

この気管の組織培養を電子顕微鏡観察するという方法によって、数多くの風邪ウイルスが分離された。それらのうち、ＯＣ（organ culture）４３ウイルスとＥ２２９ウイルスと命名された二つのウイルスが、風邪の原因の一〇ないし三五%くらいを占めていると考えられている。しかし、これらのウイルスは単なる風邪を起こすだけだったので、研究はほとんど行われていなかった。

風邪ウイルスの起源

現在はヒトに単なる風邪を起こすウイルスでも、かつては「新型ウイルス」だったはずである。二つの風邪ウイルスは、いつ、どのようにしてヒトに感染するようになったのだろうか。二〇〇五年、ベルギー、ルーベン大学のリーン・ファイヘンらは、OC43ウイルスのゲノム解析の結果を発表した(4)。当時は、SARSの発生が契機となってヒトコロナウイルスへの関心が高まり、その一方でヒトゲノム計画が完了し、高速で塩基配列を読むことができる「次世代シークエンサー」による遺伝子解読技術が著しく進展していた時期であった。解析によると、OC43ウイルスのゲノムはウシコロナウイルスにきわめてよく似ていた。遺伝子変異の速度に基づいた分子時計で解析した結果、両ウイルスは、一八九〇年頃に共通の祖先ウイルスから分かれたと推定された。ちょうど一八七〇年から九〇年頃に世界各地のウシで肺炎が流行しており、その主な原因として、ウシコロナウイルスが疑われていた。また、ヒトの間でも一八八九年から九〇年にかけて世界的に肺炎が流行していたことから、ファイヘンは、この流行がウシコロナウイルスの感染により起きた可能性を指摘している*。この流行の原因は、それまではインフルエンザウイルスによると言われていた。その根拠となったのは、一九五七年に起きたアジア風邪のパンデミックが、それまで流行していたH1N1インフルエンザウイルスではなく、Ｈ２Ｎ２という新しいタイプのインフルエンザウイルスによるとわかったことだった。Ｈ２ウイルスは新型と考えられたが、オランダで七十歳以上の高齢者の一部にＨ２ウイルスの抗体が見つかった。そのため、一八八九年から九〇年にかけての肺炎はインフルエンザが原因だったと推測されたのである。このほかにインフルエンザ説を支える証拠は皆無だった。もし一八八九年から九〇年にヒトの間で流行したのが新型コロナウイルスだとすると、そのウイルスがヒトの間で感染し続けるうちに徐々に弱毒化し、風邪の原因ウイルスの一つになったと考えられる。

もう一方の風邪ウイルスである２２９Ｅについては、二〇一六年、ドイツ、ボン大学のクリスティアン・ドロステンらが、コウモリからラクダを介してヒトに感染するようになった可能性を報告している。[5]中東呼吸器症候群（ＭＥＲＳ）コロナウイルスの調査研究の際、二〇一四年から二〇一五年にかけてサウジアラビアとケニアで採取したヒトコブラクダの咽頭ぬぐい液から、２２９Ｅに類似したウイルスの多量の遺伝子が検出されたためである。また、２２９Ｅ類似ウイルスに対する抗体が、サウジアラビアとアラブ首長国連合のラクダの五〇％以上から検出され、このウイルスが中東地域のラクダに常在していることが示された。これらのサンプルはすべて健康なラクダから採取されていたの

＊　この時の流行を岡本綺堂が随筆『江戸っ子の身の上』で次のように紹介している。「この春はインフルエンザが流行した。日本で初めてこの病が流行り出したのは明治二三年（一八九〇）の冬で、二四年の春に至ってますます猖獗になった」「その当時はインフルエンザと呼ばずに普通はお染風といっていた」。

で、229E類似ウイルスはラクダでは病気を起こしていないと考えられている。また、サウジアラビアで採取した新鮮なサンプルから分離された229E類似ウイルスは、ヒトの受容体に結合できるアミノ酸配列が存在することから、ヒトに感染する能力があると推測された。

彼らは、二〇〇九年、アフリカのコウモリからも229Eウイルスに近縁のウイルスを分離していた。このコウモリのウイルスと229Eウイルス、およびラクダ由来の229E類似ウイルスについてゲノムの系統樹を作製した結果、コウモリのウイルスがラクダに感染して229E類似ウイルスの祖先が生まれたと推測された。ラクダがアフリカ大陸に持ち込まれたのは、五〇〇〇年以上前のことである。そのため、それ以降にコウモリからラクダにウイルスが感染し、このラクダのウイルスがヒトの間でパンデミックを起こした結果、229Eウイルスが生まれた可能性がきわめて高いとドロステンは語っている(6)。

OC43ウイルスと229Eウイルスは、いずれもコウモリから身近な家畜を介してヒトに感染するようになり、ヒトのウイルスになったということになる。

なお、風邪の原因としては、ほかに二〇〇四年にオランダでNL63ウイルス*が、二〇〇五年に香港でHKU1ウイルスが分離されている。

3　重症急性呼吸器症候群（SARS）ウイルス

カルロ・ウルバーニ医師の迅速な対応

ＳＡＲＳは二十一世紀になって最初に発生したエマージング感染症である。この感染症は、二〇〇二年十一月に中国広東省に最初に出現したと考えられている。これが重大な病気であることを最初に見抜いて対応したのは、世界保健機関（ＷＨＯ）の感染症専門家として、ベトナムのハノイで、ラオス、カンボジア、ベトナムの感染症対策に従事していたイタリア人のカルロ・ウルバーニ医師であった。二〇〇三年二月二十六日、ハノイ市内のベトナム・フランス病院にひとりの中国系アメリカ人が肺炎の疑いで入院した。症状が普通の肺炎と異なることから、ウルバーニのもとに相談が持ち込まれた。診察の結果、彼は非常に危険な新しい病気であると判断して、病院の医療スタッフに、患者の隔離、高性能のマスクの着用、作業衣の二枚重ね着といった防護対策を勧告した(7)。

三月九日、彼は保健省の担当官に面会し、患者の隔離と旅行者の検疫の必要性を説明した。これらは、ベトナムの経済やイメージに悪影響を与えるものであったにもかかわらず、直ちに実施された。ちょうどその頃、香港でトリインフルエンザウイルスのヒトへの感染が問題になっていたため、ＷＨ

＊　ＮＬ６３ウイルスは一一世紀に２２９Ｅと分岐したと推定されている。

Oは関係者に対して、異常な呼吸器疾患が見つかった際には報告するよう求めていた。しかしウルバーニは、この病気をトリインフルエンザ感染によるものではなく新しい病気であると判断した。彼は直ちにWHO本部にこの病気について報告した。その際に、すでにこの病気のことを「重症急性呼吸器症候群」と呼んでいたかどうかは定かでないが、一般には、彼がこの病名を付けたと言われている。

ウルバーニは、三月十一日、会議の座長を務めるためにタイのバンコクに飛んだが、到着した時にはすでに発熱していた。そのためすぐに隔離病棟に入院させられ、三月二十九日に死亡した。四十六歳であった。

三月十二日、WHOは全世界に新型肺炎に関する最初の警告を発し、三月十五日のプレスリリースで初めて「重症急性呼吸器症候群（SARS）」の名称を正式に使用した。そして、中国、香港、ベトナムなど発生地域への旅行中止を勧告した。このような勧告が出されたのは、WHOの五十数年にわたる歴史で初めてのことであった。ウルバーニ医師が重症肺炎の重大性にいち早く気付いたことが、この素早い対応をもたらしたのである。

国際共同研究体制によるSARSの原因解明

WHOは、SARSの病原体の解明と検査法の確立のため、九カ国・一三の研究施設による国際的な共同研究ネットワークを結成した。日本からは国立感染症研究所が参加した。またWHOは、それ以前にクラウス・シュテールが中心になって新型インフルエンザの出現を国際的に監視するためのインフルエンザ監視ネットワークをたまたま立ち上げていた。その際には、私も彼から日本の状況について相談を受けていた。これがそのままSARS研究ネットワークになり、シュテールがまとめ役を受け持った（図14）。

共同研究ネットワークが立ち上げられるとすぐに、ハンブルクのベルンハルト・ノホト病院に入院していた患者のサンプルからウイルスが分離され、遺伝子構造から、メタニューモウイルスというパラミクソウイルスの一種と判断された。このウイルスは、二〇〇一年にオランダのエラスムス大学のアルバート・オスターハウスが軽い風邪の患者から分離していたものであった。同じウイルスの分離は香港大学とカナダの研究所でも同時に確認された。

図14　シュテール（左）とオスターハウス（右）。2002年パリの国際ウイルス学会にて（筆者撮影）。

一方、米国の疾病制圧予防センター（CDC）では、特殊病原部のトム・カイアゼクをリーダーとして、約三〇人の研究者が自分の研究を中断して原因解明にあたった。まず、いろいろな細胞にウルバーニ医師のサンプルを接種した結果、ヴェーロ細胞（第2章コラム参照）においで、五日目に、ウイルスが増殖していることを示す細胞破壊が起きていることを見出した。

この細胞変性効果が見られた細胞を電子顕微鏡で調べたところ、球形で周囲を輪のような構造が取り囲んでいる粒子が見つかった。これはコロナウイルスに特徴的なものである。さらに患者の血清の中から、このコロナウイルスと反応する抗体が見つかった。同様の結果は、ドイツと香港のグループからも同じ時期に得られた。

コロナウイルスには、前述の通りヒトに軽い風邪を起こすものが二種類ある。ニワトリ、ウシ、ブタ、ネコなど、多くの動物にも固有のコロナウイルスが存在している。しかし、分離されたウイルスの遺伝子の構造は、それまでに見つかっていたコロナウイルスとは別のものであった。

こうして、原因ウイルスの候補として、メタニューモウイルスと新種のコロナウイルスの二つが浮かんできた。感染症の病原体を確定する条件として、一〇〇年以上前の一八八四年に、ロベルト・コッホが結核菌の分離に成功した時に提唱した「コッホの三原則」というものがある。これをＳＡＲＳに当てはめると、①候補のウイルスがＳＡＲＳ患者から常に見つかること、②患者からウイルスを分離できること、③ヒトに近縁の動物、すなわちサルでＳＡＲＳに類似の病気を起こし、そのサルから同じウイルスが分離されることが条件となる。

そこで、メタニューモウイルスの分離者でもあったオスターハウスのグループが、それぞれのウイルスをサルの鼻に接種した。すると、新種のコロナウイルスはＳＡＲＳのような肺炎を起こし、肺からはウイルスが分離された。一方、メタニューモウイルスは軽い症状を起こしただけであった。コロナウイルスがコッホの三条件を満たし、メタニューモウイルスは最初の二つの条件を満たしただけだった。ＷＨＯは四月十五日、研究ネットワークを立ち上げてから一カ月後に、新種のコロナウイルスをＳＡＲＳの原因であると確定した。

カイアゼクを筆頭著者とした、新種のコロナウイルスの分離、同定、遺伝子構造の一部についての論文は、五月十五日付けの「ニューイングランド・ジャーナル・オブ・メディシン」誌に発表された。(8)その中でカイアゼクらは、ウルバーニを追悼して、最初の分離ウイルスに対して、SARS関連コロナウイルス・ウルバーニ株という名称を提唱している。また、ウルバーニ株のウイルスの性状が五月三十日付けの「サイエンス」誌にカイゼアクの研究チームのポール・ロタらにより発表され、(9)ウルバーニ株のゲノムの全塩基配列も同じ号でカナダのグループにより発表された。

なお、サルの研究の中心になったオスターハウスは私の古い友人であるが、オランダのユトレヒト大学獣医学部での彼の学位論文は、ネコのコロナウイルスである伝染性腹膜炎ウイルスについての研究であった。思いがけず昔の研究テーマに戻ったのである。

振り返ってみると、本来は競争相手である研究者どうしが国際的に協力しあったことが、このような短期間に原因ウイルスを解明するという、これまでにない画期的な成果をもたらしたと言える。エイズの原因ウイルスの解明に二年かかったこととは対照的であった。またその過程では、伝統的ウイルス学の手段によるウイルスの分離、最先端の遺伝子工学によるウイルス遺伝子構造の決定、そして最後に十九世紀の細菌学の基盤となったコッホの三原則が原因解明に貢献した。まさに科学の進歩と国際協力による成果であり、強く印象に残っている。

全世界への拡散

二〇〇三年七月五日、WHOはSARSの国際的流行が終息したことを宣言した。二九の国と地域で発生し、患者の総数は八〇九八人、死亡者は七七四人に上った。

これまでのエマージングウイルスは、濃厚な接触がなければヒトへの感染を起こしていなかった。しかしSARSの場合は、咳やくしゃみとともにウイルスが排出されて飛沫感染を起こした。また、飛沫が手や指に付着し、その手で眼や口を触ることで、結膜や口の粘膜から感染が起きていた。潜伏期は平均五日くらいで、その間に世界各国に感染したヒトが移動し、感染がヒトからヒトへと広がり、世界的発生に至ったのである。

流行後の調査の結果、一人のSARS患者は、平均して二〜三人のヒトに感染させていたことが明らかになった。この値を基本再生産数（R_0）という。インフルエンザでは、この数は約二〜三人、麻疹ウイルスでは一六ないし一八人と言われている。SARSは、それほど感染力の強いウイルスではなかったと言える。しかし、香港から北京に帰る飛行機の中で一七人に感染させた事例などが見つかり、「スーパースプレッダー」（多くのヒトに感染を拡大するヒト）と呼ばれ問題になった。スーパースプレッダーという呼び名は、私はそれまで耳にしたことがなかった。SARSですっかり有名になった言葉である。どのような条件で感染者がスーパースプレッダーになるのかはわかっていない。一方、香港の高層マンションでも集団感染が起きたが、これは下水道の設備が不完全で、患者の便や尿を含んだ汚水が逆流して飛び散ったためと推測されている。

野生動物産業が生みだしたSARS

SARSは人々の間からは消失したが、これまでのエマージングウイルスと同様に、どこかにいる自然宿主がウイルスを保有しているはずである。その由来を知ることは、第二のSARSの出現を防ぐために重要である。

中国南部の動物市場で売られているハクビシン、イタチアナグマ、タヌキから、SARSコロナウイルスに類似のウイルスが検出されている。そのうち、ハクビシンがヒトへの感染源としてもっとも疑われている。しかし、ハクビシン以外の野生動物が保有するウイルスにハクビシンが感染し、それがヒトに感染を起こした可能性も考えられた。

中国の野生動物市場では、さまざまな種類の動物が小さな檻に入れられ、その檻が何段も積み重ねられていた。そのため、お互いの糞便を浴びるだけでなく、清掃のためにホースで撒かれる水が糞便を飛沫として飛散させていた。このような環境では容易に飛沫感染が起こるため、多くの種類の動物に感染が起きても不思議ではなかった。

一方、二〇一三年、中国の雲南省でチュウゴクキクガシラコウモリの糞便から、SARSコロナウイルスと九五%もの高い相同性を持つウイルスが分離された。このウイルスは、ヒトの気道上皮細胞やキクガシラコウモリの腎臓細胞で増殖した。これはコウモリがSARSコロナウイルスの自然宿主であることを示す強力な証拠となった。また、ハクビシンなどを介さずにコウモリから直接ヒトに感染しうることが示唆されたのである。これらの結果から、コウモリから直接ヒトに感染する場合と、ハクビシンのような中間宿主での変異を介するものなど、いくつかの経路でＳＡＲＳコロナウイルスの感染が起こりうることが明らかになった。

自然界では異なる種の生物が接触する頻度が低いため、ウイルスの伝播も低頻度でしか起こらない。さまざまな野生生物を自然界ではありえない密度で共存させたことが、新型ウイルス出現の温床となった可能性がある。ＳＡＲＳは、そのような環境を維持し続けることは、新型ウイルスの出現リスクを抱え続けることを意味するという教訓を残した。

4　中東呼吸器症候群（ＭＥＲＳ）ウイルス

サウジアラビアを中心に発生が続くＭＥＲＳ

二〇一二年六月中旬、サウジアラビアの小さな都市ビシャに住む六十歳の裕福なビジネスマンが、発熱、咳、血痰、息切れが一週間続くという症状で、首都リヤドに次ぐ大都市のジッダの病院に入院した。直ちに集中治療室に入れられたが、一一日目に肺炎と腎臓障害で死亡した。

患者のサンプルはオランダ、ロッテルダムにあるエラスムス大学医療センター（ＥＭＣ）に送られた。入院直後に採取した痰をＬＬＣ－ＭＫ２細胞（アカゲザルの腎臓由来の細胞）とヴェーロ細胞

（ミドリザルの腎臓由来の細胞）に接種した結果、ウイルスが分離された。患者の血液からは分離されなかった。この分離ウイルスのゲノムを解析したところ、新しいタイプのコロナウイルスだと判明した。当初、このウイルスはヒトコロナウイルスＥＭＣ（ＨＣｏＶ－ＥＭＣ）と呼ばれていた。[10]

同年九月、カタールに住む四十九歳の男性が同様の症状で滞在先の英国の病院に入院した。分離されたウイルスの遺伝子の塩基配列はＨＣｏＶ－ＥＭＣとほとんど同一だった。なお、この患者は回復した。十一月にはカタールで一名、サウジアラビアで四名の患者が見つかり、そのうち二名が死亡した。

これらの発生が新しいコロナウイルス感染によることが明らかになったことから、中東呼吸器症候群（Middle East Respiratory Syndrome：ＭＥＲＳ（マーズ））と命名された。[11] ＭＥＲＳの発生は、その後、中東諸国（イラン、ヨルダン、クウェート、レバノン、オマーン、カタール、サウジアラビア、アラブ首長国連邦、イエメン、バーレーン）で起きている。

二〇一五年には、後述のように、韓国で大きな発生があった。ほかの国々でも中東からの帰国者から患者が見つかり、患者との密接な接触者への感染も散発していた。

二〇一九年十二月までに確定された患者は二四九四人、死亡者は八五八人（致死率三四％）で、サウジアラビアが感染者の八五％近くを占めている。

ＭＥＲＳコロナウイルスは、βコロナウイルスに属している。ＳＡＲＳコロナウイルスも同じβコロナウイルス属だが、ＭＥＲＳコロナウイルスとは別の系列に分類されている。

SARSコロナウイルスが細胞に感染する際の受容体は「アンジオテンシン変換酵素2（ACE2）」であるため、当初、MERSコロナウイルスも同じ受容体を介して感染すると考えられていた。しかし、MERSコロナウイルスの受容体はSARSコロナウイルスとは異なり、「ジペプチジルペプチダーゼ4（DPP4）」であることが明らかにされた[12]。DPP4はセリンプロテアーゼの一種で、多くの哺乳類、コウモリ、サル、家畜などに分布している。そのため、異なる動物種の間で容易に感染を起こすおそれがあると指摘されている。

感染源の探索

二〇一三年十一月初め、サウジアラビア、ジッダの大学病院に入院したMERS患者は、十月初めに飼育しているヒトコブラクダの中の数頭が鼻水を垂らしていたため、それらの鼻面や鼻孔にハーブの治療薬を塗っていた。ラクダのミルクも飲んでいた。症状を示していたラクダの鼻のぬぐい液からは、MERSコロナウイルスの遺伝子断片が検出された。二回にわたって採取したラクダの血清でMERSコロナウイルスの抗体価が上昇していたことから、ラクダがウイルスに感染して間もないことが示されていた。このような理由から、患者はラクダから、経路ははっきりしないものの直接感染したと考えられた[13]。

ヨルダン、サウジアラビア、カタール、アラブ首長国連邦、エジプトで、ウシ、ヤギ、ヒツジ、ウマ、ヒトコブラクダについて行われた抗体調査では、ヒトコブラクダでMERSコロナウイルス抗体が見出された。ドバイでは二歳以上のヒトコブラクダの九六％以上が抗体陽性である一方で、一歳未満では抗体陽性の割合が低い傾向が見られたが、それでも八〇％が陽性であった。ウイルスが分離できたのは四歳以下だけで、とくに子供からの分離頻度の方が高かった。これらの状況証拠から、四カ月から六カ月齢の子供のラクダで感染が起きていて、ウイルスが排出される期間は短いと考えられた。そのため、二歳以下の子供のラクダに近づかないことが感染防止に役立つと言われている。

ＭＥＲＳコロナウイルスは、アラビア半島だけでなく、ナイジェリア、チュニジア、エチオピアのヒトコブラクダでも抗体が見つかっていて、アフリカでも広がっていると推測されている。

抗体陽性のラクダではウイルスが分離されなくなることから、ラクダがウイルスの自然宿主であるとは考えられていない。ＳＡＲＳコロナウイルスの場合と同様に、ＭＥＲＳコロナウイルスもコウモリが自然宿主で、ラクダを介してヒトに感染を起こしていると推測されている。[14]アフリカのコウモリでは、ＭＥＲＳコロナウイルスと八五％の相同性を示すウイルスが見つかっている。[15]

韓国での発生が残した教訓

二〇一五年、韓国でＭＥＲＳが突如発生した。最初の患者は六十八歳の男性で、カタールを経由してバーレーンから五月四日に帰国し、五月十一日に発熱、咳の症状が現れた。翌日、地元の牙山（アサン）市の診療所で受診したが診断がつかず、平沢（ピョンテク）市の聖母病院を紹介された。しかし症状が改善しないため、五月十七日にソウル市内の小さな病院を受診し、肺炎が疑われ、ソウルにある韓国最大のサムスンソウル病院を紹介された。ここで初めて中東から帰国していたことがわかり、検査の結果、五月二十日にMERS感染が確認された。それまでの八日間にすでに感染が広がっており、六月中旬には患者は一〇〇名を超えた。感染は短期間の間に急速に広がり、一八六名の患者、三八名の死者を出すというサウジアラビアに次ぐ大きな流行となった後、十二月二十四日に韓国政府から終息が宣言された。

WHOの専門家チームは、ひとりの旅行者から短期間に大きな発生となった理由として、韓国のほとんどの医師にとってMERSの発生は予想外であり知識も欠けていたこと、超過密状態にある病院の救急室、多くのベッドが置かれた病室、患者がいくつもの病院を回るドクター・ショッピングの習慣があること、多くの知人や家族が患者面会に訪れることなどを指摘している(16)。

国際感染症雑誌の論説では、韓国の発生から学ぶべき教訓として以下の七つを挙げた(17)。

1 MERSは地球規模での健康に対する脅威であり、ウイルスの変異がなくても、いつでも起こりうる。

2 これまでのところ、ウイルスに大きな変異は起きていないが、できるだけ多くの患者について、ウイルスのゲノムの解析を続けることが肝要である。

3 ラマダンの時期にサウジアラビアのメッカを訪れる数百万人の巡礼者は、地球規模で病気を広げるおそれがある。

4 過去一年半にわたるエボラの流行が、MERSなどほかの地球規模の感染症の脅威を包み隠していた。いくつものエマージング感染症の同時発生に対する、地球規模の監視システムは不十分である。

5　MERSウイルスの疫学、発病機構、管理手段などについて、多くの基礎的な疑問が残されている。

6　MERSウイルス監視体制の強化、全世界でのMERSへの認識の強化、感染制圧対策の重要性があらためて明らかにされた。

7　一人一人の、とくに医療従事者の自覚が重要であり、患者と接触した可能性が生じた場合、早期に医療機関の受診、自己検疫を行うことが必要である。

これらの指摘はMERSだけでなく、ほかのエマージング感染症にもあてはまる。

5　「次の新型コロナウイルス」に備える

中国には新型ウイルス発生のホットスポットがある

SARS発生以来、コウモリのコロナウイルスの探索が活発に行われるようになり、中国、ヨーロッパ、アフリカでSARS様コロナウイルスが数多く発見されてきた。国際ウイルス分類委員会に登録されているコロナウイルス三八種のうちの二二種は、中国の科学者により命名されている。

二〇一三年、中国の武漢ウイルス研究所を中心とした米国、オーストラリア、シンガポールとの合同チームは、SARSコロナウイルスの受容体であるACE2への結合部位を持ったコロナウイルスを分離したことを発表した(18)。

彼らは、中国南西部の雲南省での一年間にわたる調査で、チュウゴクキクガシラコウモリの糞便や肛門の拭い液から、予想以上に多様なコロナウイルスのゲノムを発見していた。それまでにコウモリから検出されていたコロナウイルスのSARSコロナウイルスとの相同性が八八～九二％だったのに対して、このウイルスは九五％と高い相同性を示していた。とくに注目されたのは、SARSコロナウイルスと同様に、細胞の「アンジオテンシン変換酵素2（ACE2）」受容体に結合できる構造が存在していたことである。それまで見つかっていたウイルスにはこの結合部位がなかったため、ハクビシンなどの中間宿主を介して変異した後にヒトに感染していると考えられていたが、コウモリから直接、ヒトに感染できるウイルスが見つかったのである。

さらに二〇一五年には、マウスに順化してヒトの細胞では増殖しなくなっていたSARSコロナウイルスに、このコウモリのウイルスのスパイクタンパク質遺伝子を挿入したキメラウイルスを作成したところ、ヒトの気道の細胞で再び増殖するようになったこと、さらにマウスに接種すると肺で増殖して致死的感染を引き起こすようになったことが報告された(19)。

これらの結果は、既知のウイルスに非常に近縁の〝未知〟のウイルスを見つけだすために、コウモリのようなハイリスクの野生動物に焦点を合わせて、人間社会への侵入を予知すること、そして侵入に備え、パンデミックを防ぐためのグローバルな戦略が必要であることを示していた。また、とくに中国には、野生動物を好む伝統的な食習慣があることから、コウモリ由来のウイルスが発生するホットスポットがあることを警告していた[20]。

「新型コロナウイルス生物兵器説」のきっかけ

二〇一六年十月二十八日、中国広東省仏山市近くの農場で子ブタの大量死が起きた。ここは、二〇〇二年にＳＡＲＳの最初の患者が住んでいた場所のすぐ近くである。この農場ではブタ流行性下痢症（ＰＥＤ）が発生していたので、これが原因と考えられた。ＰＥＤはコロナウイルスによるブタの感染症で、中国では一九八〇年代から発生しており、とくに二〇一〇年の中国全土の大流行では一〇〇万頭以上のブタの死亡を引き起こしていた（コラム３「ブタ流行性下痢症」参照）。ところが、二〇一七年一月にＰＥＤウイルスが検出されなくなった後も、子ブタの死亡は続いていた。そのため別の病気であると考えられ、ブタ急性下痢症候群（Swine Acute Diarrhea Syndrome：ＳＡＤＳ）と名づけられた。五日齢以下では九〇％近い致死率が見られたが、八日齢以上になると五％に低下した。ＳＡＤＳは周辺の農場に広がり、五月初めまでに二万五〇〇〇頭の子ブタが死亡した。

武漢ウイルス研究所特殊病原部のチームが原因解明に乗り出し、発病した子ブタの小腸のサンプルから、香港と広東省のチュウゴクキクガシラコウモリで分離されていたHKU2という名のコロナウイルスに九五%の相同性を示すウイルスを分離した。このウイルスは、二〇一三年から一六年にかけて広東省の洞窟のコウモリから採取していたコウモリの肛門拭い液でも検出された。こうして、SADSの原因がHKU2に関連したコロナウイルスであることが、二〇一八年、「ネイチャー」誌に発表された。[21]

その際に中国国営テレビはSADSコロナウイルスの発見のニュースを報道していた。ところが、これが新型肺炎が広がっていた二〇二〇年一月下旬になって、ソーシャルメディアで取り上げられた。SADSコロナウイルスが、武漢で広がっていた新型肺炎の原因であるコロナウイルスと関連があるらしいという憶測が流れたのである。SARSとSADSを混同したのかもしれない。続いて別の投稿が、二〇一五年に報告されたキメラウイルスの作製に武漢ウイルス研究所特殊病原部のメンバーが加わっていたことを取り上げた。この研究所には中国で唯一のBSL4実験室がある。その結果として、新型コロナウイルスは二〇一五年のキメラウイルスの実験の際に流出したという憶測が生まれ、「新型コロナウイルスは生物兵器」といった言説が飛び交った。

新型コロナウイルスの起源については、米国、英国、オーストラリアの五名のトップクラスのウイルス専門家が連名で、このウイルスは人工物ではなく、明らかに自然の産物であるという見解を二〇二〇年三月の「ネイチャー・メディシン」誌に発表した。[22]

［コラム3］ブタ流行性下痢症

一九七一年、英国の獣医師たちは肥育中のブタがこれまでに見たことのない症状の病気にかかっていることに気付いた。同じようなブタの病気として、それまでにブタ伝染性胃腸炎が世界各国で起きていたが、これはコロナウイルスによる病気で、哺乳中のブタだけに見られ、症状は軽いものである。そのためこれとは異なる新しい病気として、流行性下痢症と名づけられた。この病気はヨーロッパのいくつかの養豚国に広がった。そして五年後の一九七六年に、こんどはあらゆる年齢層のブタで同じ病気が起きてきた。そこで、これは流行性下痢症2型と名づけられ、一九七一年の病気が1型として区別された。

一九七八年、ベルギーのゲント大学の研究者たちが流行性下痢症のブタの腸の内容物を電子顕微鏡で調べたところ、コロナウイルス様の粒子が見つかり、ウイルスも分離された。これをブタに接種した結果、下痢症を起こしたことから、このコロナウイルス感染が原因であることが明らかになった。それ以来、この病気はブタ流行性下痢症（Porcine Epidemic Diarrhea：PED）と呼ばれるようになった。

2型PEDウイルスは1型ウイルスよりも毒性が増していて、アジアでは一九八二年に日本で最初に発生して以来、各国に広がり、子ブタで高い死亡率を示すために経済的に大きな影響を与えるようになった。米国では二〇一三年まで発生がなかったが、その春に突然発生し、急速にカナダ、メキシコに広がり、米国だけで一年間に八〇〇万頭を超す子ブタが死亡した。この発生はさらに韓国、台湾、日本へと広がっている。

ヨーロッパでの発生は一九九〇年代から稀になっていたが、低いレベルでウイルスは常在しており、時折散発が繰り返されていた。二〇〇五〜二〇〇六年にイタリアで大きな発生が起こり、二〇一四年にはドイツ、フランスでも起きた。

ウイルスは**図15**に示したように、1型（G1aとG1b）、2型（G2aとG2b）と変異を起こして広がっている。2型のウイルスは1型のウイルスよりも毒性が増している。ワクチンの防御効果を担っているのはスパイクタンパク質であるが、1型と2型ではアミノ酸で一〇%以上異なっている。不活化ワクチンと生ワクチンが用いられているが、これらは1型から作られているため、2型のウイルスには部分的な防御効果を示すだけである。[23]

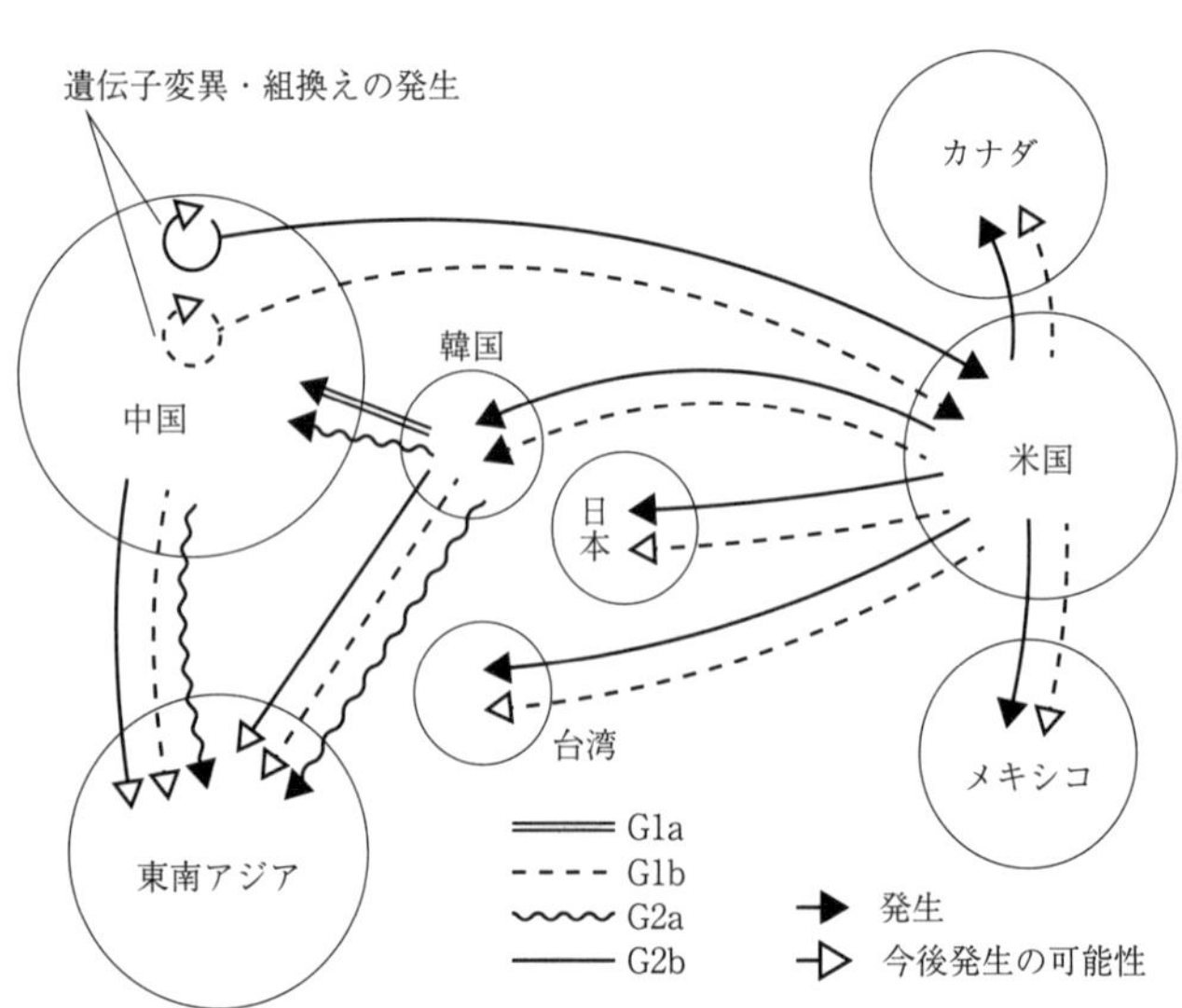

図 15　ブタ流行性下痢症の広がり

6　新型コロナウイルス（SARS-CoV-2）の出現

肺炎の集団発生

二〇一九年十二月、中国湖北省の人口一一〇〇万人の武漢市で原因不明の異形肺炎の集団発生が起きていた。発生の最初の情報は、二〇一九年一二月三〇日、プロメドに掲載された「湖北省でおきている診断未確定の肺炎の集団発生」についての情報請求のメールだった。それには、「約二〇人の患者が「異形肺炎」と診断されており、そのうちの七人が重症」と述べられていた。プロメドの司会者は、この出来事をめぐるソーシャルメディアの動きは、SARSコロナウイルス発生の際の初期の「うわさ」（プロローグ参照）を思い出させる、と付け加えていた。

そして、翌一二月三一日、WHOの中国事務所に、武漢市における原因不明の肺炎の症例について報告がもたらされたのである。発生初期に七名の患者の肺胞洗浄液などのサンプルが武漢ウイルス研究所に送られてきた。そのうち、六名は華南海鮮市場で働いていた。発生時期が冬で、しかも発生場所が市場というSARSの場合と同様の環境から考えて、コロナウイルスに焦点をあてて調べた結果、五名の患者のサンプルから新型コロナウイルスゲノムの全塩基配列が明らかになり、そのうちの一名からはヴェーロ細胞でウイルスが分離された。この一連の研究には、二年前のSADSの原因解明の経験が生かされたと推測される。

一月二十三日には武漢市の閉鎖が始まり、一月三十日、WHOは「国際的に懸念される公衆衛生上の緊急事態」の声明を発表した。この時点で確認された患者は七七〇〇人に達していた。当初、このウイルスは2019新型コロナウイルスと呼ばれていたが、二月十一日、WHOはこの感染症を「COVID－19（coronavirus disease 2019）」と命名した。また、国際ウイルス分類委員会は新型ウイルスをSARSコロナウイルス2型（SARS－CoV－2）と命名した。なお便宜上、本書では新型コロナウイルスの名称を用いている。

WHOは三月十一日にパンデミックを宣言した。この頃、感染は一一八の国と地域に拡大し、患者数一二万五〇〇〇人以上、死者四六〇〇人以上に達していた。この宣言は遅すぎたと批判されている。終息のめどはまだ立っていない。SARSの場合は無症状感染者が稀だったため、早期に封じ込められた。しかし新型コロナウイルスは、軽症や無症状の感染者も存在していることもあり、ウイルスが拡散し続けていると考えられている。

起源をめぐる謎

一月十日、上海の復旦大学のチームは、ひとりの患者から得られた新型コロナウイルスのゲノムの全塩基配列をオンラインで公開し、米国のGenBankに登録した。その翌日には、武漢ウイルス研究所が前述の五人のサンプルから得られたゲノムの全塩基配列をスイスにあるGISAIDデータベースに公開し*、翌日ＷＨＯに報告した(24)。

武漢ウイルス研究所・特殊病原部門の石正麗(シージェンリ)をリーダーとしたチームは、一月二十日、「コウモリ由来と推測される新しいコロナウイルスに関連した肺炎の発生」という表題の論文を「ネイチャー」誌に投稿し、これが二月三日電子版に掲載された(25)。新型コロナウイルスとＳＡＲＳコロナウイルスのゲノムの相同性は、八〇％以下だった。一方、二〇一三年に雲南省のコウモリから分離されていたコロナウイルスのひとつ、ＲａＴＧ13と名付けられたウイルスが九六％の相同性を示していたことから、新型コロナウイルスの直近の祖先ウイルスは、コウモリの間で少なくとも数年間は循環していたと推測された。

また、最初の集団発生が海鮮市場の関係者の間で起きていたことから、ＳＡＲＳの際にハクビシンが中間宿主になってヒトへの感染が起きたのと同様に、なんらかの動物を介して感染が起きた可能性が考えられた。しかし、初期の感染例がすべて海鮮市場に関係しているわけではない。コウモリから直接感染した可能性については、武漢市周辺にはコウモリはあまり生息しておらず、また雲南省と武漢市とは一五〇〇キロメートルも離れていることから、その可能性は低いと考えられた。

＊　ＧＩＳＡＩＤは「トリインフルエンザ情報共有の国際推進機構」の略。トリインフルエンザの国際データを迅速かつ簡単に共有するために、二〇〇七年に無料で公開されたデータベースで、スイス・バイオインフォマティックス研究所に設けられている。

当初から注目されていたのは、マレーセンザンコウが保有しているコロナウイルスである。それは次のような理由による。

二〇一九年三月と七月に、広東省の税関で三頭のマレーセンザンコウが押収された。いずれも重い呼吸器症状を示しており、広東省野生動物救済センターに送られたが、救命することはできなかった。このセンザンコウから、メタゲノム解析でコロナウイルスのゲノムの配列が決定されていた。

このセンザンコウのコロナウイルスのゲノムの塩基配列と新型コロナウイルスとの相同性は九〇％で、コウモリのＲａＴＧ13ウイルスよりは低かった。しかし、受容体への結合部分の相同性は九八・六％と非常に高かった。そのため、センザンコウが中間宿主となってヒトへの感染を起こしたのではないかと考えられたのである。(26)

なお、中国ではセンザンコウは食用とされており、またその鱗は漢方薬として重用されている。マレーセンザンコウは絶滅危惧種なので、ほとんどは密輸されたものと考えられている。

米国デューク大学を中心とした米国の研究チームは、二〇二〇年五月二九日付けの「サイエンス・アドバンシズ」誌の電子版で、ＲａＴＧ13ウイルス、センザンコウのウイルス、新型コロナウイルスのそれぞれのスパイクタンパク質の受容体結合部分の配列を解析した結果、ＲａＴＧ３ウイルスにセンザンコウのウイルスの受容体結合部分全体が組み込まれたことが、ヒトへの感染性を獲得する重要なきっかけになったという見解を報告している。(27)ＳＡＲＳがコウモリからハクビシンに、ＭＥＲＳがコウモリからラクダに飛び移り、そしてヒトに感染したのと同様のことが、新型コロナウイル感染症でも起きたというわけである。

新型ウイルスの開発工場

ＣＯＶＩＤ－19の発生の中心になった武漢の海鮮市場では、魚介類だけでなく、多くの種類の野生動物が生きたまま売られていた。伝統的に、中国では野生動物を食べることは健康に良いと信じられてきた。とくに外国産の動物は高価で、接待に用いて自分のステータスを示すことが盛んになっている。漢方薬の原料としても、野生動物の需要が増加している。中国には、世界各地からさまざまな野生動物が合法的にも密輸によっても持ち込まれている。

中国の技術分野の最高研究機関である中国工程院の二〇一七年の調査では、中国の野生動物取引額は七三〇億ドル（八兆円）以上に相当し、一〇〇〇万人以上が従事しているとされている。

二〇〇三年、ＳＡＲＳの発生が見つかり、ハクビシンなどが感染源として疑われた際、積み重ねられた檻の中で動物たちがストレスにさらされ、ウイルスの好適な増殖場所となっていることが指摘されていた。中国政府は野生動物市場を暫定的に閉鎖したが、ＳＡＲＳが終息してまもなく、市場は再開されていた。

ＣＯＶＩＤ－19発生以来、国外からの野生動物輸入への批判が高まり、中国政府はすべての野生動物の輸入を暫定的に禁止し、野生動物を食用にすることを恒久的に禁止した。そして、立法化が始まっているという。しかし、どの種の野生動物が対象になるかは、まだはっきりしていない。一方で、中国国家衛生健康委員会はコロナウイルス感染症の治療法のリストに動物を原料とした伝統的な漢方薬を推奨している。

第4章　人類はどのような手段を持っているのか

ウイルスに対する最大の武器はワクチンである。ワクチンで多くの宿主がウイルスに対してあらかじめ免疫を獲得していれば、ウイルスはいずれは行き場を失い、死滅する。その効力を示すもっとも際立った例が、これまでに二度達成された、ウイルスの地球上からの根絶である。天然痘はジェンナーの種痘に始まった古典的ワクチンで根絶された。人類史に甚大な被害をもたらしてきたウシの急性伝染病である牛疫は、二十世紀に次々に開発されたワクチンによって二〇一一年に根絶が宣言された。また、このほかにもさまざまなウイルスに対するワクチンが感染の抑制に役立てられている。

ワクチンは感染を予防するものであるが、感染してしまった場合は、治療薬に頼ることになる。二十世紀の終わり頃から、ウイルスに対する効果的な治療薬が開発されてきた。

エマージングウイルスが出現した時点では、もちろんワクチンは存在せず、治療薬に有効なものがあるかも不明である。そのため、まずは公衆衛生対策によって感染を抑制することになる。

これらの手段は、ウイルスの感染が発生した後の対応策であるが、それだけではなく、将来の発生を予防する取り組みも並行して進める必要がある。エマージングウイルスはある時突然誕生するわけではない。そのほとんどは、野生動物の世界から人間の社会へとこぼれ落ちてきたものである。その経路やリスクをあらかじめ予測し、発生を防止する活動が、ウイルス学や動物生態など、多くの分野の専門家による協力のもとで進められている。

1　ワクチン

ワクチン学の進展

ワクチンはウイルスの鏡像のような存在であり、ウイルスと同様にダイナミックで多様な側面をもつ。ワクチンは、天然痘に一度かかると再び同じ病気にかかることがないという経験的事実から生まれ、ウイルスと同様に、初めはその実体がわからないまま、人類の福祉に貢献してきた。ウイルス学は、ウイルスに対する理解とワクチンの開発を両輪として発展してきたと言ってよい。

ワクチンの幕開けは一七九六年にジェンナーが牛痘を用いて行った種痘であった。このワクチンは、ヒトの腕から腕に伝えられていたが、一八四〇年、イタリア、ナポリの医師ジュゼッペ・ネグリが牛痘ウイルスを子ウシの皮膚に接種して、生じた膿を天然痘ワクチンとする方式を考案した。厳密には、これがワクチンの始まりである。その後、ヤギを用いた狂犬病ワクチン、マウスを用いた日本脳炎ワクチンなど、動物を用いた「第一世代ワクチン」の時代が続いた。これは、宿主とは別の動物にウイルスを棲みつかせることで、激変した環境の中でウイルスを変異させ、元の宿主には病気を起こさずに免疫だけを与えるものが出現するのを待つという方法である。この過程を「弱毒化」と言う。この手法は、棲みつかせる動物の飼育など多大な手間がかかる上に、非常に運に左右されやすい。

一九五三年に不活化ポリオワクチン（ソークワクチン）が開発されると、細胞培養を用いた「第二世代ワクチン」の時代となり、麻疹、風疹、ムンプス（おたふくかぜ）をはじめとするワクチンの黄金時代を迎えた。第一世代ワクチンは、弱毒化に用いた動物がほかの病原体を保有していると別の感染を新たに引き起こしてしまうなどの問題があり、品質が十分に管理できていなかった。それに比べ、第二世代ワクチンで〝宿主〟となる細胞は、科学的な検定基準に基づいた品質管理が可能となるなど、さまざまな点で優れていた。

一九八〇年代から、第三世代ワクチンとして、組換えＤＮＡ技術によるワクチンの時代が始まった。第一世代と第二世代のワクチンは、毒性を弱めたウイルスまたは不活化したウイルスを用いるものだが、第三世代のワクチンは、元のウイルスのうち、宿主に抗体を産生させる部分だけを作りだしてワクチンとして使用する。最初に開発されたのは、Ｂ型肝炎ワクチンである。これは、Ｂ型肝炎ウイルスのエンベロープのタンパク質を酵母で産生させたもので、ウイルスの一部分だけで構成されていることから、サブユニットワクチンと呼ばれる。二十一世紀初めには、ヒトパピローマワクチン（子宮頸癌ワクチン）が承認された。このワクチンは、パピローマウイルス粒子の殻を構成するタンパク質を凝集させてウイルス粒子に似た形にしたもので、ウイルス様粒子ワクチンと呼ばれている[1]。

第三世代のワクチンは、その手法によりいくつかのタイプに分かれる。エマージングウイルスに対するワクチンとしては、現在、ベクターワクチン、DNAワクチン、mRNAワクチンなどがある。

ベクターワクチンは、弱毒化した生ワクチンや毒性のない別のウイルスを、防御の役割を担う（つまり、抗体を産生させる）ウイルスタンパク質の運び屋（ベクター）とするものである。ベクターには防御タンパク質の遺伝子が組み込まれているため、ベクターワクチンが感染した細胞内で防御タンパク質を増殖させることができる。

DNAワクチンは、防御タンパク質の遺伝子であるDNAを大腸菌の中で増やしたものである。これを筋肉内に接種し、その結果、細胞内でタンパク質を産生させる。つまり、体内でサブユニットワクチンを作らせるのである。

DNAワクチンをさらに推し進めたのがmRNAワクチンである。細胞内でDNAからタンパク質が合成される際は、DNAの情報がメッセンジャー（m）RNAに転写され、mRNAが酵素によって翻訳されてタンパク質ができあがる。このmRNAワクチンの成分は、DNAからRNA合成酵素により転写させたmRNAである。安定性を高め、体内で効率良く翻訳されるよう設計されている。

エマージングウイルスに対するワクチン

エマージングウイルスに対するワクチンとして実際に効力を発揮しているものに、ベクターワクチンとして働くエボラワクチンがある。このワクチンは、ヒトに病原性のないウシ水疱性口炎ウイルスをベクターとして、エボラウイルスのエンベロープの糖タンパク質遺伝子を組み込んだもので、二〇一九年十月に欧州医薬品庁により初めて承認された。

このワクチンは、二〇一五年の西アフリカでのエボラ流行の際に臨床試験が行われた。二〇一八年のコンゴ民主共和国での流行の際に、WHOが研究プロトコールの名称で接種を始め、その規模は現在までに、六万人の医療従事者や第一線従事者のほか、二〇万人以上に達している。その結果、二〇二〇年初めには第十回目の発生における新たな患者の発生がゼロとなり、前述のように（第2章）、六月に終息が宣言された。

そのほかのエマージングウイルスに対するワクチンの開発も進められている。東京大学の甲斐知恵子は、麻疹ワクチンをベクターとしたニパウイルスワクチンを開発しており、現在、感染症流行対策イノベーション連合（CEPI）*の支援を受けて、オランダ、米国、バングラデシュの国際研究チー

＊　重要な感染症の流行を阻止するワクチンの開発研究を支援し実用化することを目的として、二〇一七年にダボス会議で先進諸国の合意を得て設立された、革新的な国際共同開発研究支援機関である。日本を含む七カ国、ビル・アンド・メリンダ・ゲイツ財団、ウェルカム・トラストなどが基金を拠出している。二〇二〇年三月初めには、新型コロナウイルスのワクチン開発に対して二〇億ドル（二二〇〇億円）の支援を表明した。

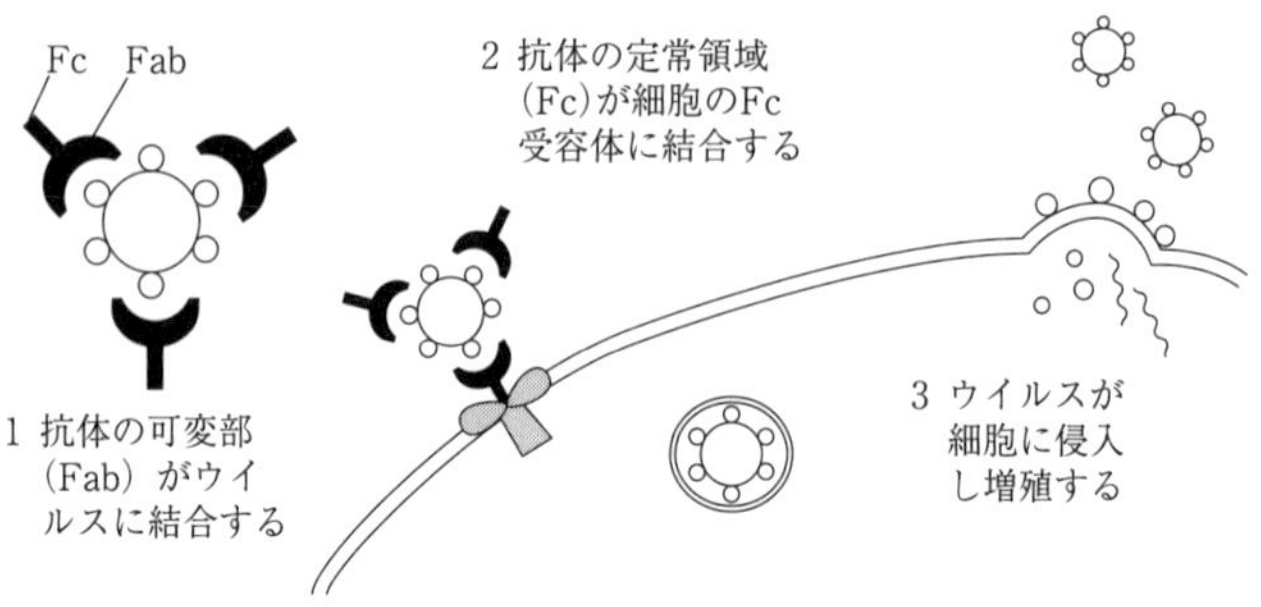

図 16　抗体依存性感染増強

ムを率いて、臨床試験に向けた研究を進めている。

また、新型コロナウイルスワクチンとしては、ｍＲＮＡワクチンが二〇二〇年三月に、ＤＮＡワクチンが四月に、米国で臨床試験に入っている。これら以外のタイプのワクチンを含めて、六月末の時点で一五〇を超す新型コロナウイルスワクチン候補が確認されている。そのうち、少なくとも一五のワクチンが臨床試験に入っている。

この開発ラッシュは、二〇〇五年に次世代シークエンサーが発売され、ウイルスの構造解析が急速に進んだことの反映と言えるかもしれない。ただし、ワクチンの開発技術の著しい進展とは異なり、ワクチンの副作用についての理解はそれほど深まっていない。とくに、コロナウイルスに対するワクチンは、「抗体依存性感染増強（ＡＤＥ）」と呼ばれる副作用の問題を抱えているが、そのメカニズムはまだ理論的な段階に留まっている。ＡＤＥとはどういうものか、簡単に説明しよう。

ウイルス感染で産生された抗体は、その次のウイルス感染の際にウイルスに結合して中和することで、感染からの回復を助けている。ワクチンも、軽い感染の状態を人為的に作り出すことで抗体を産生させる。すると、その後のウイルス感染の際に、同様に抗体が感染を防ぐ。ところが、抗体が存在すると、むしろ症状が悪化する現象が古くから知られている。つまり、ワクチン接種を受けたヒトの方が、受けなかったヒトよりも症状が重くなるのである。この現象がＡＤＥである。

ＡＤＥは、抗体がウイルスに結合するものの、その結果として中和することに失敗した場合に起きると考えられている。まず、抗体がウイルスに結合し、これによりウイルスは細胞に侵入するための「鍵」を失う。ところが、抗体のＦｃ（定常領域*）と呼ばれる部分がＦｃ受容体を持ったマクロファージ（白血球の一種で、大食細胞とも呼ばれる）に結合することにより、ウイルスがマクロファージ内に侵入し、増殖する（図16）。つまり、抗体が別の細胞に侵入する際の鍵の役割を果たしてしまうのである。これは、ウイルスの種類には関係なく、抗体に共通する構成要素を介してウイルスが細胞に侵入できるようになることを意味する。

ＡＤＥは、いくつかのワクチン開発の妨げになってきた。たとえば、全世界の人口の半分はデングウイルス感染のリスクにさらされていて、デングワクチンの開発が一九四五年から試みられてきた。しかしＡＤＥのためになかなか進まず、七〇年後の二〇一五年に、メキシコで初めて一つ目の組換え

＊　図16に示したように、抗体はY字の形をしていて、その上半分の先端には、さまざまな抗原が結合するため、可変部と呼ばれている。下半分のアミノ酸配列は一定なので、定常領域（Ｆｃ）と呼ばれる。

ワクチンが承認された。乳幼児の冬風邪の原因であるＲＳウイルス感染は、二〇一〇年の世界規模の調査によれば、三三〇〇万人以上で起きていた。乳幼児の非常に重要なウイルス疾患にもかかわらず、ワクチンはまだできていない。一九六〇年代に不活化ワクチンが開発されたが、ワクチンは感染を予防しなかっただけでなく、感染の際にワクチン接種を受けた子供の約八〇％が重症になり、二名が死亡するという事態に至った。これもＡＤＥが原因と考えられている。

ネコには、コロナウイルスにより起こる伝染性腹膜炎という致死的な病気がある。一九九〇年、オランダ、ユトレヒト大学のグループは、ワクチニアウイルスにネココロナウイルスのスパイクタンパク質を発現させたベクターワクチンを開発して、子ネコに接種した後、ネココロナウイルスによる攻撃接種を行った。するとワクチン接種を受けた子ネコは、対照群のワクチニアウイルスだけを接種された子ネコよりもはるかに早く死亡した。これもＡＤＥによると推測されている[2]。

緊急性を要するワクチンであっても、前臨床試験と呼ばれる動物実験などで、ＡＤＥの可能性の検討をしっかり行う必要がある。さらに臨床試験の各段階でも、ＡＤＥについての慎重な検討が求められている[3][4]。

野生動物へのワクチン接種

エマージングウイルスの多くは、動物由来感染症である。動物由来感染症を抑制するためには、ヒトだけではなく、ほかの動物にもワクチンを投与する必要がある場合もある。ただし、野生動物が接種の対象となる場合には、ヒトを対象に接種する場合とは異なるさまざまな困難がある。私の友人たちが長年にわたって取り組み、着実に成果を上げつつある例を紹介しよう。

一九八四年、私は日仏共同研究の一環として、パスツール研究所・狂犬病ユニット部長のピエール・シュロー*を訪ねた。彼の部屋に滞在していた半日ほどの間にも、狂犬病に暴露されたおそれのある数名の人々がワクチン接種を受けにきていた。彼の話では、当時、フランス全土で狂犬病ワクチンの接種を受けた人の数は年間およそ三〇〇〇人にも達しており、**実際に狂犬病にかかった動物に咬まれたことが確認された人は七〇〇人に上っていた。

原因は、狂犬病ウイルスを保有している野生のキツネであった。そこからイヌやウシなどが感染していたのである。そこで、スイスのフランツ・ステックが、野生のキツネへのワクチン接種法を考案した。ニワトリの頭を餌として、それに狂犬病の生ワクチンを注入して経口ワクチンとするという方式である。彼は、それをヘリコプターで散布していたのだが、一九八二年墜落事故で死亡してしまった。私のカリフォルニア大学留学時代の友人であった。

フランスの狂犬病中央研究所のジャン・ブランクゥは、ステックの方式をさらに発展させて、狂犬病ウイルスの糖タンパク質を天然痘ワクチンに組み込んだベクターワクチンを一九八〇年代に開発し

*　ザイールで発生した最初のエボラ出血熱の際には、WHO対策チームの一員として参加していた（第2章）。
**　動物に咬まれるなど、感染の疑いがある時に接種する。

た。この組換え狂犬病ワクチンをプラスチックの袋に入れた上で、マッチ箱くらいの大きさの魚粉のビスケットに挿入したものを撒く。それをキツネが食べてプラスチック袋を咬み破ると、組換えウイルスが喉の扁桃腺から感染し、その結果、狂犬病ウイルスに対する免疫が与えられるという仕組みである。なおブランクゥはこの後、国際獣疫局（ＯＩＥ）事務局長となった。私はＯＩＥ学術顧問を務めていたので毎年のように顔を合わせていた。

通常、ワクチンには有効性（免疫効果があること）と安全性（副作用が低いこと）が求められる。しかし、組換えＤＮＡ技術でつくられたワクチンを野外に散布するといったことは、それまでまったく行われたことがなかった。対象であるキツネのほかにも、家畜やペット、森林に生息する野生動物がたまたまワクチンを食べてしまう恐れがあるため、その場合にも病気にならないことを確認しなければならなかった。そして、およそ五〇種類の哺乳類にワクチンを接種して安全であることを確かめたあと、一九九〇年代前半から大規模なワクチン接種キャンペーンが始められた。

この大規模な狂犬病ワクチン散布は、私の親友の、ベルギーのリエージュ大学教授ポール＝ピエール・パストレが中心になって行った。そして現在、フランスをはじめ、このワクチン散布を行ったヨーロッパの国々では、キツネの狂犬病はほとんど見つからなくなっている[5][6]。

米国ではアライグマやスカンクが狂犬病ウイルスを保有しており、それらからイヌやネコが感染している。米国の狂犬病の約九〇％は野生動物由来と言われている。米国農務省は、一九九五年から、官民共同でこのワクチンをテキサス州などの標的を定めた地域で毎年約六五〇〇万個散布しており、現在も続けられている。

日本では、二〇一八年に発生した豚熱（CSF、いわゆる豚コレラ）がイノシシに定着したため、ドイツ製の経口ワクチンが散布されている。これは経口狂犬病ワクチンを改良したもので、ブタが好むコーンミールや香料としてのアーモンドなどをココナツ油で固めたビスケット状の餌の中に、CSF生ワクチンを挿入したものである。

なお実は、ここで用いられているC（Chinese）株CSFワクチンは由来が不明であった。私が長年にわたって調査した結果、このワクチンは、日中戦争の最中の一九四〇年代初めに、北京に日本政府が設立した華北産業科学研究所でウサギの継代によって弱毒化が始められたものが、中華人民共和国建国の直後に新設されたハルビン獣医学研究所に引き継がれていた株であることがわかった。ここに終戦時から強制留用されていた、南満州鉄道の奉天獣疫研究所・豚コレラ室の日本人専門家が中心になって開発したものと推測している。

ワクチン研究の現場

私は、五〇年にわたる研究生活において、ワクチンの製造に始まり、国家検定、新技術でのワクチン開発と、ワクチンの開発から実用化までのさまざまな過程に関わってきた。

大学を出て私が最初に就職したのは北里研究所であった。この研究所は人体用と動物用のワクチンや、免疫血清の研究を行う民間研究所であり、ワクチンや血清などを製造して得た収益が研究所の運営費用に充てられていた。設立者は言うまでもなく北里柴三郎である。彼は一八九二年に前身の伝染病研究所を創立したが、この研究所が文部省に移管されることに反対して辞職した。そして一九一四年に新たに設立したのが、この北里研究所であった。

ここで一九五六年から六五年まで、途中三年間の米国留学を除く六年間、私は主に天然痘ワクチンの改良研究と製造に関わった。その後、偶然も重なって、国立予防衛生研究所（予研・現在は国立感染症研究所）からの招聘を受け、予研の麻疹ウイルス部に移ることになった。ワクチンを製造する側から、ワクチンの国家検定を行う側になったわけである。予研では、麻疹、風疹、ムンプス（おたふくかぜ）といった各ワクチンの検査方法の開発、検定を行いながら、麻疹ウイルスの研究を行ってきた。

一九七九年、東京大学医科学研究所（医科研）の実験動物研究施設に教授として移ることになり、こんどは大学での研究に携わるようになった。ちょうど遺伝子工学の技術が進み始めた時期で、医科研はこの分野の最先端に位置していた。ワクチンの領域は遺伝子工学の応用対象であり、新しいタイプのワクチンの研究・開発が盛んになり始めていた。こうした状況にめぐり会ったことから、私は組換えワクチンの研究・開発へと歩を進め、天然痘ワクチンをベクターとした牛疫ワクチンの開発に携った。

このように、私はワクチンの製造現場から開発の現場へと移り、さらにそれを検定する立場を経験してきた。また、ワクチン学の進展に沿うならば、第一世代ワクチンから第三世代ワクチンの勃興期までを研究者として過ごしてきたことになる。

振り返ってみると、これまでのワクチンでは、開発に一年以上、ヒトでの臨床試験に一～二年はかかっていた。さらに審査に一～二年かかるため、実用化されるには数年が必要であった。新型コロナウイルスの開発のスピードは、これまでに経験したことのない、目を見張るものとなっている。

2　治療薬

第二次世界大戦後、多くの細菌感染症が抗生物質により制圧されてきた。しかし、ウイルスには抗生物質は効果がない。ウイルスは細胞の機能を乗っ取って増殖するため、ウイルス治療薬は、細胞に影響を与えずにウイルスの増殖を阻止するものでなければならない。そのためウイルス薬の開発は、ウイルスの増殖の仕組みが理解されるようになるまで待たなければならなかった。

一九七四年、ガートルード・エリオンとジョージ・ヒッチングスがヘルペスウイルスの増殖を阻止するアシクロビルの合成に成功した。彼らは一九八八年に薬物療法への貢献に対してノーベル賞を与えられた。

アシクロビルは一九八〇年代から帯状疱疹などに広く用いられるようになり、Bウイルス感染も治療できるようになった。その頃に、エイズの原因であるヒト免疫不全ウイルス（ＨＩＶ）が発見された。一九八〇年代半ば、米国国立癌研究所の満屋裕明は、ＨＩＶのＤＮＡに類似の化合物を用いて、最初の抗ＨＩＶ薬アジドチミジンを開発した。その後、ＨＩＶの巧妙な増殖の仕組みを狙って、逆転写酵素阻害剤、インテグラーゼ阻害剤、プロテアーゼ阻害剤が開発され、それらを組み合わせた抗レトロウイルス療法が広く用いられるようになっている。

新型コロナウイルスに対しては、すでに承認されているさまざまな抗ウイルス薬の中から有効なものを探索する試みが世界各国で行われている。新型コロナウイルスの増殖の仕組みを調べて、既存の薬で、その仕組みのどこかを阻止しようというわけである。

まず、新型コロナウイルスはどのように増殖するのだろうか。ウイルスの増殖プロセスの概略は第1章で示したが、実際の増殖プロセスはウイルスごとに異なる。コロナウイルスの増殖プロセスはかなり複雑であり、薬の標的となる部分が多いと言えるかもしれない。順を追って見ていこう（図17）。

コロナウイルスは、まず細胞の表面に存在するウイルスの受容体（アンジオテンシン変換酵素２、ＡＣＥ２）に結合する。そして、ＴＭＰＲＳＳ２という名前のタンパク質分解酵素の作用に助けられ、ウイルスのエンベロープと細胞膜が融合する（1）。粒子の細胞膜とエンベロープが融合して破れ、内部のウイルスＲＮＡが放出される。ウイルスＲＮＡの情報に従って、細胞内のタンパク質合成酵素により長いポリペプチド鎖が合成され（2）、これがタンパク質分解酵素で切断されて、ウイルスタンパク質ができる（3）。ただし、このウイルスタンパク質が完成品のウイルスに組み込まれるわけ

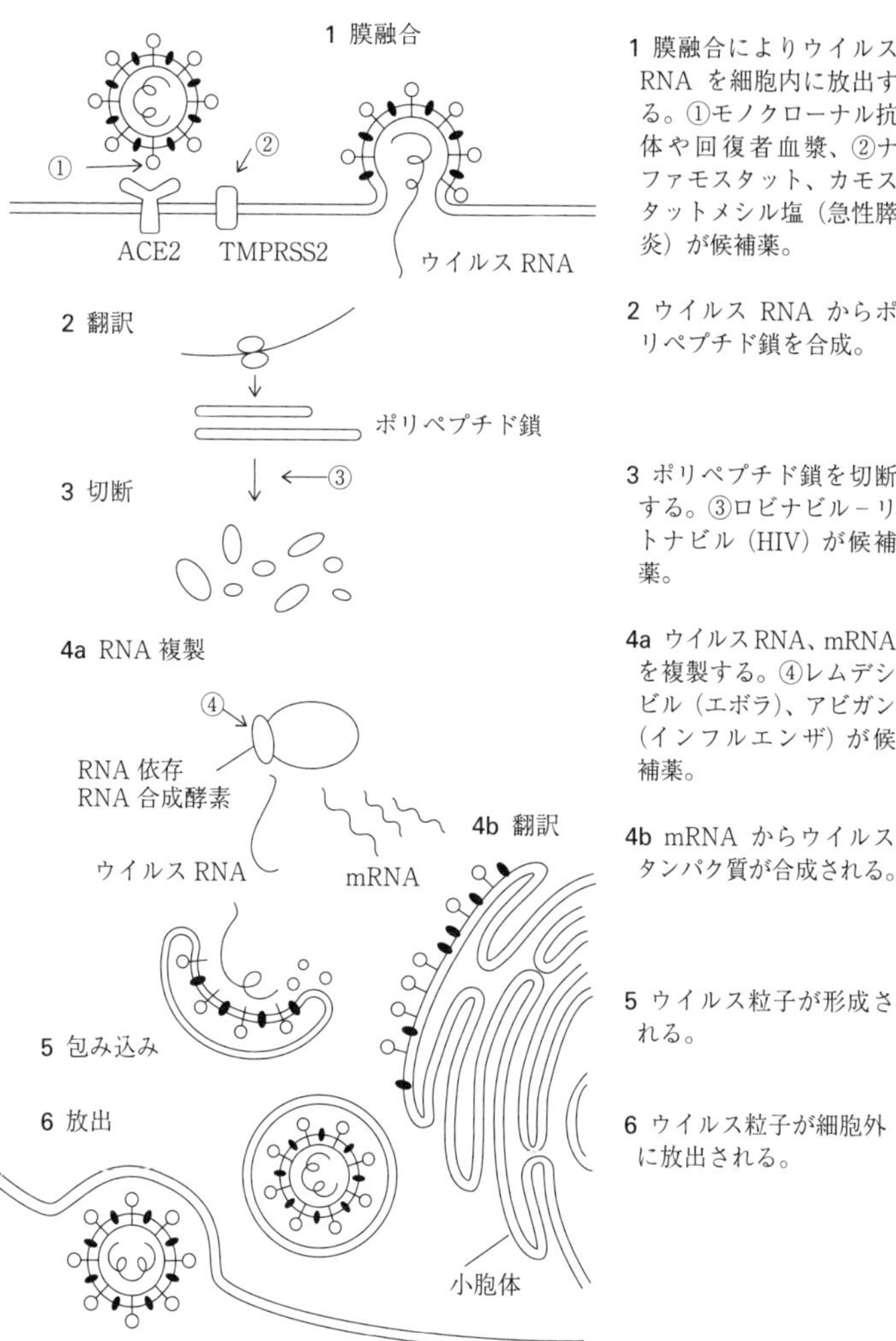

図 17　新型コロナウイルスの増殖プロセスと治療薬の阻害ポイント

ではない。このウイルスタンパク質によって、ウイルスRNAとmRNAが複製され（4a）、mRNAからさらに別のウイルスタンパク質が合成される（4b）。その一部が完成品に利用されるのである。そして、完成品用のウイルスタンパク質は（4a）で合成されたウイルスRNAと一緒に組み立てられ（5）、ウイルス粒子となり、細胞の外に放出される（6）。

段階（1）の阻害薬候補として、急性膵炎治療薬のナファモスタットやカモスタット、段階（3）の阻害薬としてはHIV治療薬のロピナビル－リトナビル、段階（4）の阻害薬としては、エボラ治療薬のレムデシビルやインフルエンザ治療薬のアビガンが取り上げられ、世界各国で臨床試験が開始されている。

これらの治療薬は、対象としている各ウイルスの増殖プロセスとコロナウイルスの増殖プロセスに共通する部分があることから候補となっている。ウイルス感染の治療薬は、ウイルスの細胞内での振る舞いを分子レベルで解明できるようになったことにより誕生した手法であると言える。

3　公衆衛生対策

未知のウイルスに対して、人間は免疫を持っていない。ワクチンもない。そのようなウイルスが出現した時にわれわれが頼ることができるのは、公衆衛生対策である。

公衆衛生は二十世紀になってから感染症の分野で発展してきたものである。そのおかげで、これまでに多くの感染症が制圧されてきたが、感染症の脅威が遠ざかるのに伴って、その原動力となった公衆衛生への関心は薄れてきている。

公衆衛生は、社会の健康を守るためのものである。そして、それにより個人の健康を守ることにもつながる。ＳＡＲＳは、世界保健機関（ＷＨＯ）を中心とした対策により、二〇〇三年三月に発生が確認されてから四カ月という短期間で制圧された。全世界に広がった新しい感染症がこのような短期間に封じ込められたのは、歴史上初めてのことである。国際協力によって原因ウイルスの解明が役立ったのはもちろんであるが、さらにその成果を利用して世界規模で実施された公衆衛生対策が、早期の終息に大きな貢献を果たした。ＳＡＲＳは、公衆衛生対策がどのようなものか、そしてそれがどのように社会を守るのかを、改めて、はっきりと示してくれた。

検疫と隔離

公衆衛生対策は、基本的に二つある。まず一つは、感染・発病したヒトからほかのヒトに感染が起こらないようにするための対策、感染者の隔離である。もう一つは、発病はしていないが、患者と接触したために感染した可能性のあるヒトからの感染を防止する対策、すなわち検疫である。検疫は、日本では空港などでだけ行われることだと一般に受けとめられているが、本来の意味はそれよりも広い。検疫という言葉は、英語ではquarantineであり、イタリア語の「四〇（quaranta）」に由来する。一四世紀のイタリアで、ペストの蔓延を防ぐために、感染者が乗っている可能性のある船を四〇日間入港させなかったことから付けられた呼び名である。

ＳＡＲＳで行われた対策も、この二つの原則に基づいていた。これは一〇〇年以上前の対策と基本的には同じものである。しかし、一〇〇年前と現在とでは、その内容に大きな違いがある。患者の隔離については、科学の著しい進歩により、ＳＡＲＳの際にはウイルス遺伝子や抗体の検査による確定診断ができるようになった。隔離病室の設備も高度な安全対策が施されたものになっている。隔離までのステップに関しては、昔とは比較にならない高度のものになっていると言える。

一方、感染した可能性のあるヒト、すなわち接触者に対する対策は、昔よりも複雑かつ困難になっている。多数の人々が短時間に長距離を移動する現代社会では、接触者の追跡はきわめて難しい課題になっている。たとえば、日本に観光に来た台湾人医師がＳＡＲＳに感染していたことが帰国後にわかり、大きな騒ぎになった際には、わずか数日の滞在期間中に接触した可能性のあるヒトの数は五〇六人に上った。個人の人権やプライバシーに配慮しながら多数の接触者を追跡することが、いかに困難かということがわかるだろう。

新型コロナウイルスは、ＳＡＲＳの時とは比べものにならない被害をもたらしている。日本では、感染者集団（クラスター）の発生を早期に発見し対策するという方法がとられた。一方、徹底的な封じ込め策が功を奏した典型的な事例に、ナイジェリアの都市ラゴスで発生したエボラがある。(7)

エボラ発生の封じ込めに成功したナイジェリア

二〇一四年、西アフリカでエボラ出血熱が拡大を続けていた際、もっとも懸念されたのは、二〇〇〇万人を超える人口が密集しているアフリカ最大の都市、ラゴスへの感染の拡大であった。ラゴスは、反政府組織、ボコ・ハラムのようなテロ組織、二〇一五年の大統領選挙といった課題を抱えていた。ここにエボラが広がれば、世界全体が瞬時に巻き込まれる事態に発展すると恐れられたのである。

七月二十五日、ナイジェリア保健省はラゴスの病院でリベリア系アメリカ人のパトリック・ソーヤーがエボラ出血熱で死亡したと発表した。彼はエボラで七月八日に死亡した家族の世話をしていた。彼も発熱などからエボラが疑われて病院に収容されていたが、医師の忠告を無視して、七月二十日にナイジェリア行きの飛行機に乗り、ラゴス空港に到着した。そこで倒れて病院に運ばれた。彼の旅行歴からエボラが疑われて隔離病室に移され、そこでエボラの診断が下された。それまでに三日かかっており、その間に九人の医療従事者が感染していた。これが最初のクラスターになった。

一方、ひとりの外交官が検疫を無視してラゴスから別の都市ポート・ハーコートに行ってしまった。彼は八月一日から三日間治療を受けていた。ここから第二のクラスターが発生した。

エボラ確認の報告を受けて、ナイジェリア政府は直ちに国家非常事態を宣言した。最優先で行われたのは、接触者の追跡である。感染症専門家チームは八九八人（一次感染と二次感染者合わせて三五一人、三次以後の感染者五四七人）の接触者リストを作成した。一五〇名を超える追跡チームは、最終的に、接触の可能性のあった一万八五〇〇人に面接した。国境なき医師団とWHOによる訓練を受けていた医師たちは交代で患者の処置に従事した。最終的に、一九人の確認患者、一名の疑い例の計二〇名が見つかり、八名が死亡した。

エボラの潜伏期は二日から二一日とされている。最後の患者確認から最長潜伏期の倍にあたる四二日が経過した十月二十日、WHOはナイジェリアがエボラ・フリーになったことを発表した。この制圧が成功した要因としては、可能性のある接触者全員の迅速かつ徹底的な追跡、これらの接触者すべてについての持続的な監視、そして感染の可能性のある接触者の迅速な隔離の三つがあげられていた。最初の患者が空港内で発見されたこと、そして、感染がスラム街に広がらなかったことも幸運であった。

4 「ワンヘルス」に基づく発生監視

SARSが終息した直後の二〇〇四年九月二十九日、ロックフェラー大学の主催で、WHO、国連食糧農業機関、CDC、アメリカ地質調査所国立野生動物保健センター、米国農務省などから代表が集まって、ヒト、家畜、野生動物の間で発生している感染症についてのシンポジウムが開催され、「One World, One Health」に関するマンハッタン原則が提唱された。そこでは、「ウエストナイル熱、エボラ出血熱、ＳＡＲＳ、サル痘、ウシ海綿状脳症（ＢＳＥ）およびトリインフルエンザの最近の流行により、ヒトと動物の健康が密接に関係していることに気付かされた。健康と疾病について幅広く理解するためには、統一的なアプローチが必要である。そしてそれは、ヒト、家畜、野生動物の健康を等しく実現すること、つまりワンヘルスを実現することによってのみ、達成することができる」、そして「将来の世代のために地球の生物学的健全性を確保しながら、二十一世紀における疾病との戦いに勝利するためには、疾病の阻止、調査、監視、制圧、軽減、ならびにより広範な環境保全に対する学際的で横断的なアプローチが必要である」と、国際的連携による行動計画が促された。

この呼びかけに応えたひとつの計画として、アメリカ合衆国国際開発庁（ＵＳＡＩＤ）によるエマージング・パンデミック脅威計画が発足した。これには、四つのプロジェクト「PREDICT（予測）」「PREVENT（防止）」「IDENTIFY（確認）」「RESPOND（対応）」が含まれ、ＣＤＣが技術協力している。

とくに重視されているのは「予測」プロジェクトである。これは、野生動物とヒトの接点で動物由来感染症を検出することに重点を置いている。そのため、野生動物、およびそれらと接触するヒトについて、公衆衛生の脅威となる新しい病原体を監視する態勢が強化されている。

「予測」プロジェクトの成果が最近集まりつつある。そのひとつとして、ニューヨークの環境保護団体エコヘルス・アライアンスのケヴィン・オリヴァルらは、哺乳類とウイルスを関連づけたデータベースを用いて、独特なウイルスを保有する動物や、それらの動物とヒトとの系統生物学的関連、その生態などを解析した結果、哺乳類の中でもコウモリがとくに新しいウイルスの流出源になる可能性が高いという予測を二〇一七年にまとめている。(8)

二〇一八年、カリフォルニア大学デイヴィス校ワンヘルス研究所のトレーシー・ゴールドスタインとコロンビア大学感染免疫センターのサイモン・アンソニーらのプロジェクトチームは、初めてコウモリからエボラウイルスの仲間（ボンバリウイルスと命名）を分離したことを報告している。(9)

新型コロナウイルス感染症の場合を振り返ってみると、「予測」活動は武漢ウイルス研究所が中心になった国際チームによって行われており、中国のコウモリの間で循環しているコロナウイルスの危険性について、二〇一〇年代にいくつかの研究論文において、二〇一九年三月には「中国におけるコウモリのコロナウイルス」という総説論文(10)で警告されていた。しかし、学術論文での警告は、政府や市民の耳には届いていなかった。野生動物との距離を取るようにするといった「防止」策は皆無だったのである。そして新型コロナウイルスの発生が明らかになると、その原因の「確認」はきわめて迅速に行われ、新型コロナウイルスの全遺伝情報が半月後には公開された。武漢ウイルス研究所は、コウモリのウイルスに関して豊富な経験を積んでいたが、それを生かした「防止」策の実施には至っていなかった。パンデミックに対する「対応」は、備えがあって初めて可能である。この反省は、中国に限らず、多くの国に当てはまる。この二〇年たらずの間に、ＳＡＲＳ、ＭＥＲＳという二度のコロナウイルス感染症の発生があったにもかかわらず、日本を含めて多くの国で備えが不十分で、泥縄式の対応に追われていると言えよう。

第5章　ウイルスとともに生きる

この世でもっともさまざまなウイルスに接している人間は誰だろうか。答えは、ウイルス研究に携わる実験者である。実験室の中で、研究者は日夜さまざまな病原体を相手にしている。それがもし、エボラウイルス、マールブルグウイルスなど危険度の高い病原体であれば、実験者もそれに応じた感染リスクにさらされる。

したがって、ウイルスをはじめとするさまざまな病原体を扱う実験では、なによりもまず安全確保が最優先されねばならない。いかに感染リスクをコントロールして実験室感染を防止するかが、きわめて重要になる。研究環境における危機管理はウイルス研究の一部であると言ってもよい。

ワクチニアウイルスとの出会いから始まった私の研究生活は、ワクチンや動物由来感染症といった、ウイルスのさまざまな側面へと発展していった。そして、それらのより良い研究手法を提案する過程で、病原体の研究を行うための環境整備の問題にも深く関わることになった。危機管理の視点に立つことで、実験室の中での研究とはまた異なった、新たなウイルスの表情を見ることになった。

研究環境の危機管理が、エマージングウイルスに対処する上でもきわめて重要であることは言うまでもないだろう。これまでに見てきた通り、エマージングウイルスと思われる病原体を持ち込まれた各国の研究所は、未知の病原体に対して安全を確保しながら、その素性を早急に解明することが求められる。このような役割を代替することは難しいため、その過程で感染事故を起こすことは絶対に避けなければならない。

では、現在標準となっている危機管理体制は、エマージングウイルスに対応する過程で整備されてきたのだろうか。歴史を振り返ると、実はそうではなく、別の理由で用意されていた体制を流用してできたものと言ってよい。

以下は、現在の危機管理体制の黎明期の記録である。もう五〇年も前のことであるが、その原則は基本的には現在まで変わっていない。そして実は、日本ではその原則に則った体制が整備されているとは言い難い状況が続いている。本章では、実験室感染の防止を中心としたバイオハザード対策について、ハードとソフトの両面からその成り立ちを紹介し、日本の現状を振り返ってみたい。

1　バイオハザード対策の発展史

バイオハザードとは、バイオロジカル・ハザードに由来する言葉で、ウイルスなどの病原体の実験に伴って引き起こされる感染を指す。直訳では生物災害となるが、微生物災害のほうが妥当である。

バイオハザードの問題は十九世紀に始まっていた。この時代に、長い間人類にとって見えない敵であった細菌などの病原体が、実験によって次々と突き止められ始めた。いわゆる「細菌の狩人の時代」である。新しい細菌が分離され、実験が盛んに行われるようになったのと並行して、一方では実験室感染という新たな事態も起きるようになった。細菌の分離の歴史は、また実験室感染の歴史でもあった。

主な例をあげると、一八八五年に腸チフス菌、一八九三年に破傷風菌、一八九四年にコレラ菌、一八九八年にジフテリア菌による実験室感染が起きた。いずれも細菌が分離された後、数年以内に起きている。これらの多くは、実験器具であるピペットによる病原体の吸い込みや、注射器による針刺しからの感染であった。

実験室感染を防止するための安全対策の基本は、病原体に直接触れないようにすることである。手袋、マスク、白衣の使用などは、すべてこの目的に沿ったものである。単純な策ではあるが、実際、こうした防護対策はかなりの効果を発揮してきた。だが、これだけでは感染を防ぎきれない場合もある。

病原体の感染経路は、大きく分けると二つある。ひとつは、手についた病原体が口や眼などの粘膜に付着して起きる接触感染である。もうひとつは、患者の咳などを吸い込んで起きる飛沫感染である。接触感染の場合は右にあげたような防護対策で防ぐことができるが、飛沫感染の場合はマスクだけでは病原体が通過し、感染する恐れがある。そこで、ウイルスのようにごく微細な粒子でも捕捉できるフィルターの開発など、感染防止のための機器や設備が開発され、日進月歩で進展してきた。そのアウトラインをざっとたどってみよう。(1)(2)

十九世紀の単純な感染防護対策は、二十世紀半ばになって、近代的なバイオハザード対策へと大きく飛躍した。そのきっかけとなったのは第二次世界大戦である。

米国メリーランド州フォートデトリックに、米国防省の生物兵器研究施設がある。首都ワシントンとは目と鼻の先だが、この施設では非常に危険性の高いウイルスや細菌を生物兵器として使用する軍事研究が行われていた。

危険な病原体を大量培養したり、空気中に放出したりする実験で、もっとも感染のリスクを負うのは病原体を直接取り扱う実験者である。また、もしも周辺の環境に病原体が漏出すれば、危機的な事態を引き起こしかねない。歴史の皮肉ではあるが、感染防止のための総合的な安全対策は、戦争を目的とする生物兵器の研究から生まれたのだ。

フォートデトリックでは、戦争の終結に伴い生物兵器の研究が縮小されたため、技術者の多くが航空宇宙局（ＮＡＳＡ）の宇宙開発分野へと移っていった。そして一九六〇年代、アポロ計画が推進される中で、ウイルスのような微細な粒子も捕捉できる超高性能フィルターが生まれた。これはＨＥＰＡ（High Efficiency Particulate Air）フィルターと呼ばれ、直径〇・三マイクロメートルの粒子を九九・九七％捕捉できる。なお、ＨＥＰＡフィルターは半導体などの工場できわめて微細なほこりまで防ぐためになくてはならないものとなり、さらに捕捉効率の高いものが開発されている。エボラ出血熱を題材にした映画『アウトブレイク』や、病原体をモチーフにした一連のテレビドラマなどに必ず登場するプラスチックスーツは、このフィルターを取りつけた宇宙服が原型となっている。

アポロ計画は、プラスチックスーツばかりでなく、設備や施設面においても安全対策の優れた開発モデルとなった。そのひとつは、月試料研究所（Lunar Receiving Laboratory）である。宇宙飛行士が月から採集したサンプルを持ち帰った際、地球に存在しない未知の病原体が含まれている可能性がある。そこで、病原体の有無を検査するための月試料研究所が建設された。これは、当時最高の技術水準による高度隔離実験室であった。フォートデトリックの技術がＮＡＳＡでさらに発展し、近代的なバイオハザード対策の基礎を築くことになったのである。この段階で、バイオハザード対策のハード面はほぼ完成されたと言ってもよい。

宇宙開発のほかに、もうひとつの大きなきっかけとして、医学研究の分野での安全対策の進歩があった。

一九七〇年代、ニクソン政権が打ち出した癌の研究推進政策のもと、特別腫瘍ウイルス計画がスタートした。当時、癌ウイルスの研究分野では、ヒトの癌の原因となるウイルスの分離をめざして活発な研究が行われていて、ヒトの癌ウイルスの分離も間近だと予想されていた。そこで浮上した問題は、研究の最終目的であるヒトの癌ウイルスが分離された際に、安全に取り扱える施設・設備が不可欠であるということだった。こうした背景から、特別腫瘍ウイルス計画の中に、バイオハザード対策が重要な課題として組み込まれた。それまで、生物兵器や宇宙開発といった特殊な目的で検討されてきた感染防止の技術が、医学研究での感染防止のために総合的に検討されることになったのである。

その中心的役割を果たしたのは、ワシントン郊外ベセスダにある国立癌研究所であった。この研究所は、一九六〇年代半ばから癌ウイルス研究における安全対策の検討を行い、施設整備を進めていた。たとえば六六年には、現在世界中で使われているバイオハザードの警告マークが作製された。バイオハザードは、放射線災害と同じように目に見えず臭いもしない。したがって、その場所を示すシンボルとしてロゴマークが必要であると考えられたのである。

デザインを考案・作製したのは、施設整備を任されていたダウケミカル社である。その際の条件として次の六項目があげられた。重要な順に、①すぐに注意を引くことができること、②ユニークでほかのマークと混同しないこと、③すぐに認識でき容易に記憶できること、④容易に描けること、⑤対称的でどの角度からも同じに見えること、⑥種々の民族背景に受け入れられることである。ダウケミカル社のデザイナーが四〇の原案を考え、まず内部の検討で六つに絞られた。次に、外部のモニターによる実地テストが行われた。全米二五の都市の三〇〇名の男女が協力者となり、ユニークでほかのマークと混同しないかという点について試験が行われた。さらに一週間後、どのマークがもっとも記憶されているかが試験された。その結果選ばれたのが、図18に示すマークである(3)。現在これはバイオハザードを警告するシンボルマークとして、病原体実験をはじめ組換えＤＮＡ実験の場合にも国際的に広く用いられている。病院などでもよく見かけるだろう。

一方、一九六七年にマールブルグ病のような高度危険ウイルスが出現したことがきっかけとなり、六九年、アトランタにある疾病制圧予防センター（ＣＤＣ）において、病原体の危険度分類が初めて作成された。これは、ウイルスや細菌などの病原体を、危険性のレベルで四段階に分類し、それぞれに対応する安全対策を定めたものである。

ひと口にウイルスと言っても、ほとんど病気を起こさないものから、致死的感染を起こすものまで、病原体としての性質は一様ではない。ワクチンのようにヒトに接種されるタイプのウイルスもあれば、エボラウイルスのようにきわめて危険なタイプのウイルスも存在する。そこで、ウイルスの危険度に応じて、安全設備、実験室、操作の手順などを定めたわけである。この危険度分類によって、ハード面とともに、ソフト面の基本的な整備がなされた。

このように、危機管理体制の大部分は、生物兵器開発や宇宙開発、医療分野において進んだのであり、エマージングウイルスなどの感染症対策として構築されたものではなかった。さまざまな分野の知

図18　バイオハザードのシンボルマーク

見を生かしたと言えるが、それは、感染症対策への関心の低さを表していたとも言えるだろう。

2　高度隔離施設の現場へ

調査の背景

現在標準となっている、レベル4の高度隔離施設とはどのような環境なのか。実は私は、一九七〇年代に調査のため二度にわたって欧米各地の高度隔離施設を視察していた。一回目は七四年、二回目は七七年のことだった。その間の一九七六年と言えば、エボラ出血熱という致死的なウイルスが出現した年である。そのため七七年の視察は、具体的な脅威を念頭に置いた、非常に現実味のある体験でもあった。

一回目の調査は、国内で計画中の霊長類センターの準備のため、海外の管理体制を調査する目的で行われた。この霊長類センターの目的の一つは、研究現場の感染リスクを下げることであった。そのため、米国とヨーロッパの高度隔離施設や霊長類センター施設など二〇カ所余りを訪問したのである。三カ月にわたる単身の調査旅行であった。

霊長類センター設立の経緯を簡単に振り返っておこう。当時、私の勤務していた国立予防衛生研究所（予研／現・国立感染症研究所）では、一九五〇年代半ばからポリオや麻疹ワクチンの国家検定のために多数のサルが使用されていた。だが、そのサルは、フィリピン、インドネシア、カンボジアなどの東南アジアの密林で捕獲された野生のサルであった。これら野生のサルは、とても実験動物と言えるものではなかった。ヒトに致死的感染を起こすBウイルスをはじめ、細菌、寄生虫など、多くの病原体に感染している可能性があり、年齢も不明だったのだ（第2章コラム「Bウイルス」参照）。

そのため、サルの飼育と健康管理を受け持っていた予研の獣疫部では、一九六六年から実験用サルの繁殖施設の予算請求を出していたが、所内で潰されてしまっていた。そこで、私がまとめ役になっていた実験動物委員会のサル部会でも議論を重ねた結果、やはり人工繁殖によって健康で品質の良いサルを得るべきであるという結論に達した。これによって精度の高い実験を実施し、野生ザルから実験者への感染の危険性を大幅に減少させることが可能となる。さらに野生動物の保護にもつながると期待できた。

問題は予算請求である。見積りでは、サルの繁殖には年間一億円を超える予算が必要と考えられた。当時、予研では一〇〇〇万円程度の予算請求も困難な時代であったが、この一億円の予算請求をすることになった。もちろん通らないのはわかっていたが、とにかく厚生省に意思表示をしなければならないと考え、予算請求書の最下位の順位でもよいからと載せてもらったのだ。

ところがこの予算請求が、予想もしなかった展開を見せた。一九六〇年代に筑波研究学園都市の計画が進み、国立の施設である予研も移転の対象になった。しかし、予研の移転は全所的な激しい反対運動の結果、一九七二年、施設の一部移転という方針に変更された。そして、われわれが要求していた霊長類繁殖施設がその対象となり、一気に拡大されて取り上げられることになったのだ。その結果、敷地約一〇万平方メートル、予算三五億円余りで霊長類センターの建設が決定された。まさに、夢物語が現実になったのである[4]。

予算が認められたことで、霊長類センター設立の作業が一九七二年春から始まった。私の所属する麻疹ウイルス部の宍戸亮が設立委員会の委員長となり、実務面は獣疫部実験動物第二室の本庄重男が担当し、建設計画がスタートした。私はサルの使用者の立場から、サルを使った今後の医学研究の展望などを検討するために、WHOから調査研究費の援助を得て、一九七四年春に欧米の霊長類研究施設の調査に出かけた。そして、これと並行して高度隔離施設を視察することになったのである。

一回目の調査

米国の首都ワシントン郊外のフォートデトリックに、米国防省の生物兵器研究所がある。第二次世界大戦中の一九四三年に設立された施設である。そのきっかけとなったのは、一説によれば、日本の風船爆弾とドイツのV1ロケットだという。連合国側が、これらを生物兵器を運ぶ手段と誤認したためと言われている。あるいは、中国大陸で細菌戦の研究を行っていた日本帝国陸軍の関東軍第七三一部隊の動きを察知したためであろうとも推測されている*。

この生物兵器研究所では、第二次世界大戦後も六〇年代末まで、炭疽菌、ボツリヌス菌、野兎病菌のような致死的な細菌を中心とした生物兵器の研究が行われていた。しかし、六九年末、ニクソン大統領の政策転換によって攻撃用生物兵器の研究は中止され、防御用生物兵器の研究へと転換した。理解しにくい言葉だが、防御用生物兵器とは、攻撃に使われる危険な病原体に対するワクチン開発や診断法の研究のことである。

そのため、六九年に米陸軍感染症医学研究所（ＵＳＡＭＲＩＩＤ）が建設された。かつて生物兵器の研究を行っていた建物も、私が七四年に訪問した時にはまだそのまま残っていた。体育館のような大きな建物が目を引いた。これは８－Ｂａｌｌと呼ばれた容積一〇〇万リットルの施設で、炭疽菌などの空気感染実験が行われ、サルだけで二〇〇〇頭が用いられたという。このほかにも多数の実験室があり、完全隔離状態での実験を行うさまざまなタイプのグローブボックス型キャビネットが多数積み重ねられていた。当時、これらの施設内部を実際に見せてもらったのは日本ではおそらく私だけではないかと思う。なおここで、『フォートデトリック微生物施設の設計基準』という二冊セットの分

＊　余談だが、生物兵器のアイデアは第二次世界大戦で生まれたものではない。一七五四年から六三年にかけてのフレンチ・インディアン戦争の際、北米最高総司令官ジェフリー・アマースト卿は、天然痘で汚染された毛布をインディアンの中に持ち込むという戦略をとったと伝えられている。アメリカ独立戦争では、イギリス陸軍総司令官ウィリアム・ハウが難民の市民に天然痘を接種して、彼らによりアメリカ軍に天然痘を持ち込ませた。まもなく、ボストンでイギリス軍から逃れてきた市民の間に天然痘が発生した。このためにボストンの独立は遅れたと言われている。

厚い資料をもらった。一九六六年に五〇〇部限定で作成されたもので、私が受け取ったのは四八二番とあった。この資料はまさに、バイオハザード防止施設の建物・設備についてのこれまでの研究の集大成であった。その後、日本で病原体を扱う研究施設を整備する際、これが基礎資料として大いに役立つことになった。

二回目の調査

一九七六年、突然、アフリカでエボラ出血熱が発生した。九〇%近い致死率の感染症の出現は、世界中の関係者に大きな衝撃を与えた。これほど高い致死率を示す伝染病の出現は、かつてない事態であった。

これをきっかけに、日本でも厚生省が「国際伝染病」を次のように定義した。「国内に存在せず、予防法・治療法が確立していないため致命率が高く、かつ伝染力が強いので、患者及び検体の取扱いに特殊の施設を必要とする次の特定の伝染病をいう」。マールブルグ病、ラッサ熱、エボラ出血熱の三つが国際伝染病に指定された。そして、伝染病予防調査会伝染病対策部会の中に国際伝染病小委員会が設けられ、対策が検討されることになった。特殊施設としてのレベル4実験室などを実際に見たことがあったのは私だけだったので、私も委員のひとりとして参加した。予研副所長の福見秀雄と一緒に自民党議員への説明にでかけたこともあった。

委員会では、次のような整備目標が決定された。ウイルス検査のためのレベル4実験室（高度安全実験室）、患者の隔離治療のための高度安全病棟、そして、空港から高度安全病棟までの隔離輸送車などである。しかし当時の日本には、このような設備に関するノウハウも経験もまったくなかった。そこで、米国および英国の関連施設の視察調査を行うことになったわけである。七七年夏、私にとっては二回目の施設調査に出発した。

前回は単身での視察であったが、この時は予研の北村敬、同・清水文七に加え、建物・設備の専門家も同行して五名で米国へ出発した。まず訪ねたのはアトランタにある疾病制圧予防センター（CDC）である。ここではちょうど本格的なレベル4実験室が完成し、実験が開始されたところだった。

前年にエボラ出血熱が発生したことで、米国の関係者は深刻な問題に直面した。以前にラッサ熱の患者が米国での治療を希望し、飛行機で帰国するという事案があったからである（第2章参照）。もし同様に、米国人のエボラ出血熱患者が出て米国での治療を希望すれば、その受け入れを拒否することはできない。問題は、帰国の際に、同じ飛行機に乗り合わせる乗客の安全はどうなるのかという点だった。

この難問の解決策として採用されたのが、NASA方式である。*かつてアポロ11号で月へ飛んだ宇宙飛行士三名が地球に帰還した際、三週間の隔離・検査を受けた施設がある。これは、地球に存在しない未知の危険な病原体を宇宙飛行士が月から持ち帰る恐れもあることから、安全対策を目的に作られた完全隔離のためのトレーラーである（図19）。

このトレーラーは、アポロ計画の終了後、ヒューストンの宇宙博物館に展示してあった。CDCは

図19　CDC倉庫に置いてあった移動検疫施設（Mobile Quarantine Facility　筆者撮影）。

これを譲り受けて、患者二名と医師・看護師が同乗できるように改修し、移動検疫施設と命名した。いざ感染者を米国に運ぶことになったら、これを大型輸送機に積み込み、アフリカまで運ぶという計画が立てられたのである。

幸い、この施設は実際には使用されるには至らず、私たちが訪問した時はCDCの倉庫に置かれていた。トレーラーの前部が患者の部屋で、三つのベッドが備えられている。医師は感染防止用のHEPAフィルター（前述）付きマスクや予防衣を着用して、患者の部屋にとどまることになっていた。

CDCを訪問した私たち一行は、次に、特殊病原部部長のカール・ジョンソンの案内で、マールブルグウイルス実験中のレベル4実験室に入室した。

バイオハザード防止施設での隔離の原則は、二段階で考えられている。まず、実験者と病原体の隔離（一次隔離）、次に実験室と外界の隔離（二次隔離）である。一次隔離は実験室感染を防ぐもっとも重要なものであり、昔から用いられているマスク、手袋といった用具も、一次隔離のための単純な手段と言える。

レベル4実験室における一次隔離は、グローブボックスラインと呼ばれる装置で行われていた。これは、ステンレス・スチール製のキャビネットがいくつも連結されたものである。それぞれのキャビネット内には、顕微鏡、孵卵器、遠心器などの実験機器が収められており、実験者は肘まで入る長さのゴム手袋を通じて実験を行う（図20）。

キャビネット内の空気は二重のHEPAフィルターで濾過されてから放出されるため、ウイルスはフィルターで捕捉され、キャビネットからは漏出しないようになっている。また、キャビネット内の空気は陰圧に保たれているため、万一ゴム手袋が破れても、中の空気が外に出ることはない。こうしてウイルスはグローブボックスラインの中に完全に封じ込められ、実験室内へのウイルス漏出が防止される。こうして、もっとも重要な一次隔離、すなわち実験者の安全確保が図られるというわけである。その安心感のためか、写真（図21）はマールブルグウイルスの実験中のものだが、マスクや手袋を着用していない。

図20　レベル4実験室内部。左からジョンソン、北村敬、清水文七（筆者撮影）。

さらに、レベル4実験室では、外界に対する安全確保のため最高度の二次隔離が図られている。実験室の空気は、HEPAフィルターで濾過した後に放出される。また、実験室内の空気圧は外界よりも陰圧になっていて、外に出ないようになっている。この二次隔離対策で、万が一、グローブボックスラインからウイルスが実験室に漏出しても、外界には出ないように二重の安全確保が期されているわけである。

図21　マールブルグウイルスの実験風景（筆者撮影）。

CDCの次に私たちが訪ねたのは、フォートデトリックにあるUSAMRIIDである。ここでは当時、マールブルグウイルス、ラッサウイルス、エボラウイルスの研究が始まろうとしていた。この研究所は、八九年、実験用の輸入カニクイザルにエボラ感染が見つかった件で一躍有名になった（第2章参照）。この施設の特徴は、患者用の隔離病室が備えられていることだった。レベル3の病原体に感染した患者用のベッドが一六、レベル4のベッドが二つ設置されていた。また、ウイルスの実験室では、新しいグローブボックスラインが目を引いた。*

米国の視察を終えた後、私は北村敬と二人で英国へ向かった。大寺院で有名なソールズベリー郊外のポートンダウンに、英国陸軍の広大な敷地がある。その中に建つ微生物研究所（MRE）を訪ねるためだった。ここも第二次世界大戦中は、生物兵器の研究に携わっていた施設である。

レベル4実験室には、アルミニウム製のグローブボックスラインが設置されており、マールブルグウイルスやエボラウイルスの研究が行われていた。私たちが訪問する少し前、エボラウイルスの実験中に技術者がグローブを通して注射針で指を刺し、感染発病するという事態が起きていた（第2章参照）。事故発生からまもない時期だったので、感染の経緯などについて詳しい説明を受けることができた。

この研究所には、一九五一年以来、防御用生物兵器研究のための大きな研究施設があるが、着工当時は建築用鋼材が不足していたため、すべてレンガ造りで建設されたという。間口は二五〇メートルもあり、レンガ建築では世界最大の建物と言われている。マールブルグ病が発生したのは一九六七年だが、当時、欧米の各施設に存在したレベル4実験室の中で、ウイルス分離の研究を行っていたのはこの施設のみだった。

だが、第2章で紹介した通り、最初にマールブルグウイルスの分離に成功したのは、ドイツ、マールブルグ大学内にある、二十世紀はじめに造られた旧式の動物実験室においてであった。こうした意外性が、歴史にはつきものなのかもしれない。

＊（二一五頁）六〇年代末にベストセラーとなったSF小説『アンドロメダ病原体』の著者マイケル・クライトンも、CDCに先立ってNASAから創作のヒントを得ている。彼によれば、同書を構想した際に宇宙から来た疫病というアイデアを練ったものの、そのばかばかしさを克服できずにいたという。ところが、NASAの月面着陸計画に宇宙からの未知の病原体に備えた複雑な検疫隔離手順が実際に含まれていることを知り、作品構想が最終的に完成したと述べている。

＊　この時の訪問から二〇年余りたった一九九五年、映画『アウトブレイク』が公開された。この映画には、非常にモダンな隔離実験室が登場していた。この映画はUSAMRIIDをモデルにしていたので、今はこのように新しいものに変わったのかと私は思っていた。九六年春の訪米でUSAMRIIDの人たちに会った際に、私は映画で見たモダンな隔離実験室について聞いてみた。すると、あれは〝ハリウッド製のレベル4〟であり、USAMRIIDのほうは昔のままとのことであった。

ＣＤＣのレベル４実験室

一九九五年、ザイールでエボラ出血熱が発生した時、世界の眼はＣＤＣのレベル４実験室に注がれた。ハード・ソフト両面でエボラウイルスに対応しうる能力を備えた最高度隔離実験室は、世界中でここ一カ所だけだったためである。

ＣＤＣが出血熱ウイルスなどの危険な病原体に本格的に取り組み始めたのは、一九六七年に発生したマールブルグ病が契機であった。当時、米国には国防省の生物兵器研究所にレベル４実験室があったが、マールブルグウイルスの研究はアトランタにあるＣＤＣの担当になった。

その頃、ＣＤＣにはレベル４実験室がまだなかった。そこで、ワシントン郊外ベセスダの国立癌研究所が保有する癌ウイルス研究用トレーラーハウスをアトランタまで運び、診断についての研究を行った。このトレーラーハウスは、癌研究所が六六年に二五万ドル（当時の為替レートで九〇〇〇万円）をかけて作製したものである。ＣＤＣのトレーラーハウスでの研究は、七五年に本格的なレベル４実験室が建設されるまで続いた（図22）。

ここでＣＤＣの概要を紹介しておこう。ＣＤＣが設立されたのは一九四六年だが、当初から現在のような姿だったわけではない。もともとは、公衆衛生総局が第二次大戦中にマラリア対策のために用意していた建物を流用して、戦後まもない頃に公衆衛生を担当する一部局として設置されたものである。設立時の職員数は三七〇名ほどだったという。その後、一九六〇年に現在の建物が完成し、六〇年代の終わりには、職員数は設立時の十倍近い三四〇〇名となり、九六年に六四〇〇名、現在は一万五〇〇〇名という大きな組織へと発展した。年間予算も二〇二〇年には約六六億ドル（約七一〇〇億円）が計上されている。

なお、CDCという略称は設立当初から変わっていないが、正式名称は幾たびも変化している。最初はCommunicable Disease Center（伝染病センター）、七〇年にCenter for Disease Control（疾病制圧センター）、九二年に議会からの指摘でPrevention（予防）が加わり、Centers for Disease Control And Prevention（疾病制圧予防センター）となって現在に至っている。和訳では「疾病予防管理センター」とか「疾病対策センター」などが用いられているが、controlは、感染症については制御または制圧の意味で用いられる。CDCは歴史的に制圧を目指して設立されたものであるため、私は「疾病制圧予防センター」を用いている。

図22　CDCのトレーラーハウス（筆者撮影）。

エボラウイルスをはじめとする危険なウイルスは、ウイルス・リケッチア病部門の中の特殊病原部が担当している。私がしばしば訪問していた九〇年代後半、ウイルス・リケッチア病部門は約二〇〇名のウイルス研究者を抱える大規模な組織になっていた。この一部門だけでも、人材は当時の予研全体の三分の二に相当した。部門長はブライアン・マーヒー（Brian Mahy）であった。なお彼の前任者は、第2章で紹介したエボラウイルスの電子顕微鏡撮影者でもあるフレッド・マーフィー（Fred Murphy）である。

ブライアン・マーヒーは、英国にあった動物ウイルス研究所の所長をつとめていた人物である。同研究所は、サッチャー政権時代、縮小計画によって英国動物衛生研究所のパーブライト支所に改組され、彼はその折にCDCへ移ってきていた。パーブライト支所は私が研究していた組換え牛疫ワクチンの共同研究を行っていたところで、レベル4に相当する家畜ウイルスの研究の世界的中心である。高度隔離動物実験施設を備え、牛疫や口蹄疫などの危険な家畜伝染病の研究において七〇年の歴史をもつ。マーヒーは、ここでの隔離実験の経験が買われたことも、CDCに呼ばれた理由のひとつだと語っていた。

CDCの最初のレベル4実験室は、グローブボックスラインで実験者の安全を確保する方式のものであった。この方式は、作業手順をしっかり守れば、安全性が確実に保障される。そのかわり、実験操作の面ではたいへん不便であった。実験の内容がいつも顕微鏡・孵卵器・遠心器という順序で進むとは限らない。順序が違う場合は、病原体のサンプルを別のキャビネットまで運ぶのに、実験者はいくつものキャビネットの間を行ったり来たりしなければならない。非効率的でとても手間がかかるという欠点があった。

年々、複雑な実験が行われるようになるにつれて、この方式では対応できなくなり、八九年に新しいレベル4実験室が完成した。この装置は、実験者自身を封じ込める方式になっている。つまり、宇宙服に身を包み、宇宙服内部は陽圧に保つのである。実験そのものは、レベル3の実験室で用いられているる安全キャビネットで行う。このタイプのキャビネットは、内部の空気が外に漏れないようになってはいるが、前面は開いている半閉鎖型のもので、実験の操作性の点では非常に便利である。万が一ウイルスが安全キャビネットの外へ漏れても、宇宙服内部は陽圧なのでウイルスが入りこむことがないようになっていた。

この方式の開発により、通常のウイルス実験だけでなく、遺伝子解析などの分子生物学の新しい実験技術も駆使できるようになった。この宇宙服スタイルは、エボラ出血熱の報道や、映画『アウトブレイク』などにも登場し、いまやレベル4ウイルス研究のユニフォームのようになっている。

さて、この方式の場合、実験作業を終了した実験者はどのようにして通常の環境に戻ってくるのだろうか。実験者はまず、クレゾール消毒液のシャワーで宇宙服に付着しているかもしれないウイルスを不活化する。レベル4実験室で取り扱う病原体、つまりレベル4に分類されるウイルスは限られている。幸いなことに、エボラ、マールブルグ、ラッサなどレベル4のウイルスは、すべて脂肪を含んだ膜（エンベロープ）に包まれており、クレゾールやアルコールなどの消毒液に非常に弱い。体内に入り込むと致死的感染を起こすウイルスだが、裸の状態ではきわめて弱いのである。宇宙服に付着したウイルスは、これで簡単に不活化される。それから宇宙服を脱ぎ、裸になって普通のシャワーを浴びるというわけである。

一九九六年に、私はこの施設をブライアン・マーヒーと診断室長のトム（トーマス）・カイアゼクに案内してもらった。ハンタウイルス肺症候群、カニクイザルのエボラウイルス感染、ザイールのエボラ出血熱など、大きな流行のほとんどがトム・カイアゼクの開発した血清検査法で診断されている。

『ウイルスX』[5]の著者フランク・ライアンの言葉を借りると、彼は「エマージングウイルスの診断においてで世界でもっとも豊富な経験をもった人物」である。二メートル近い大きな人で、また声がものすごく大きい。本人曰く、宇宙服の中は常に空気が送り込まれているためにうるさく、人と話をする時には大声でないと通じない、そのために声が大きくなってしまった、とのことだった（図23）。

図23　スーツ方式の実験室内部。左から吉川泰弘、筆者、カイアゼク、佐藤浩。

CDCにはレベル4実験室が二つ設けられているが、この時の訪問では、たまたまそのひとつが定期整備のためにホルマリン・ガスで消毒され自由に入れるようになっていた。そこで、内部施設や作業手順などについて、現場で詳しい説明をしてもらった。宇宙服の重さは五キロある。時には半日以上も実験が続くこともある。長時間の作業の場合にトイレはどうするのかと尋ねたところ、ごくあっさり「垂れ流し」との答えが返ってきた。

レベル4実験室の建設ラッシュ

日本では、レベル4実験室は一九八〇年に竣工し、翌年開所された。その後、一九九〇年代になると、世界各地でレベル4実験室の建設ラッシュが始まった。

まずカナダでは、マニトバ州のウィニペグにレベル4実験室が建設され、準備に手間取って一九九九年六月に開所された。これは日本の厚労省と農水省に相当する二つの国営組織が建設したもので、ヒトのウイルスだけでなく、ヒトには病原性はなく家畜できわめて危険なウイルスも取り扱う。

フランスではリヨンにジャン・メリュー*P4実験室が建設され、一九九九年三月にシラク大統領が出席して開所式が行われた。

一九九九年秋に私はこの実験室を訪問した。驚いたことに、敷地内は建物が込み合っていて余裕がないため、パスツール研究所（リヨン）の建物の上に大きな柱を立てて、その上にレベル4実験室が建設されていた（図24）。反対側の主要幹線道路に面した壁にはネオンサインでP4ジャン・メリューの文字が大きく示されている。建物の設備にはフランスの原子力分野の技術を利用したさまざまな新しい工夫がなされていた。宇宙服も原子力産業が協力し、米国製の五キログラムに対し二キログラムと、軽く使いやすいものになっていた（図25）。

図24　ジャン・メリューP4実験室（筆者撮影）。

現在、アジアでは、日本、台湾、中国、韓国、インドに、世界全体では二〇カ国以上に五〇以上のレベル4実験室がある。日本のレベル4実験室は、世界で米英、南アフリカに次ぐ四番目に建設されたが、稼働を始めるまでに四〇年近くかかった。その経緯を紹介する。

図25　改良された宇宙服。（上）CDCのスーツ。ブルースーツと呼ばれている。安全キャビネット前での実験中。（左）フランスのスーツ。左はニパウイルスの実験中の米田美佐子（医科研）。空気を送るパイプがぶら下がっているのが見える（甲斐知恵子撮影）。

日本のレベル4実験室

予研では、国際伝染病対策としての調査結果を生かして、一九八〇年にレベル4実験室が完成し、翌年開所した。これはグローブボックス方式で、ウイルスはすべて完全密閉のステンレススチールのキャビネットの中に封じ込められる。

ところが、これが完成した頃、理化学研究所が遺伝子組換え実験用にレベル4実験室を建設し、これに対して周辺住民からの反対が起こった。これがきっかけになって、予研のレベル4実験室に対して、武蔵村山市は事前の説明が不十分であったと反発し、市長は厚生大臣あてに実験停止と施設移転を求める要望書を提出した。この要望書は、大臣が代わるたびに提出されていた。

その後日本では、三五年にわたり、レベル4実験室でレベル4のウイルスを用いる実験が許されなかった。そのため、東京大学医科学研究所の河岡義裕はエボラウイルスの実験をカナダのレベル4実験室で行い、同じく医科研の甲斐知恵子はニパウイルスの実験をジャン・メリューP4実験室で行っていた。二〇一五年、西アフリカでエボラ出血熱の大流行が起きていた際、やっと診断や治療目的に限定してレベル4での使用が認められた。

その間には、第2章で紹介したラッサ熱患者、マールブルグ病やエボラ出血熱の疑いがある患者など、レベル4実験室での検査が必要な事態が生じてきた。そして、そのたびにCDCのレベル4実験室に依頼して事態を切り抜けてきた。ただし、これは厚生省からの正式依頼ではなく、単に個人的なつながりによる依頼であった。一九九八年に私がある雑誌の依頼でCDCのウイルス・リケッチア病部門長ブライアン・マーヒーにインタビューを行った際、この点を尋ねたところ、CDCは連邦政府の機関であるため、このような国際協力の場合には、本来は正式にWHOを通じて要請する必要があるとの答えが返ってきた。

このように、日本では不十分な設備しかない状況が長く続いてきたが、幸運にも強毒性ウイルスの流行が起きることはなかった。しかし、これまでに見てきた通り、ウイルスはいつどこで出現してもおかしくない。そして日本では、現在もレベル4実験室の使用は限定的にしか認められていないので

＊（二二三頁）ジャン・メリューはフランスでのポリオ根絶に貢献した人物で、一九九四年にTWA800機の墜落事故で死亡した。この建物は、私の古くからの友人であるウイルス研究者のフェビアン・ワイルドが、ジャン・メリューの父親でメリュー財団会長のシャルル・メリューに要請して私財を提供してもらい、建設されたものである。その際に付けられた条件は九十才を過ぎている彼の存命中に完成させることのみであったという。

ある。

3　病原体の管理基準

危険度分類の作成

病原体は数限りなくあり、それらの多くはわれわれの身近にも存在している。そのため、一律に対策することは現実的ではない。病原体の危険度を分類して、それぞれの危険度に応じた対策を実施する必要がある。また、分類ごとに対応をマニュアル化しておけば、未知のウイルスが出現した際に、危険度分類を行うことで速やかに対応することができる。危機管理体制を整備するためには、建物・設備といったハード面だけではなく、こうしたソフト面についても準備する必要があった。危険度分類作成の中心になったのはCDCであり、そのきっかけになったのは一九六七年に発生したマールブルグ病である。

一九六九年にCDCは病原体の危険度分類を初めて作成し、クラス1から4にそれぞれの病原体を分類した。クラス1は、人間に実際に接種されている生ワクチンのウイルスや学生実習にも使用できるもの、すなわちほとんど危険性のない病原体である。クラス2は、危険性は若干あるが多くの場合それほど重症とはならないもので、ほとんどの細菌が含まれる。また、ウイルスでも麻疹、ヘルペス、インフルエンザなど数多くの種が含まれている。現実に実験に用いられている病原体の九割がクラス2と言ってよい。クラス3は、重症になることが多く、より危険性の高い病原体で、細菌はペスト菌や炭疽菌など、ウイルスではエイズの原因であるヒト免疫不全ウイルスなどが含まれる。クラス4はもっとも危険性の高いもので、マールブルグウイルス、エボラウイルス、ラッサウイルスなどがこれに属する。細菌ではレベル4に相当するものはない。

この分類にしたがって、クラス1の病原体を扱う実験室はP1、クラス2がP2、クラス3がP3、クラス4がP4と呼ばれるようになった。Pは物理的封じ込め（Physical containment）に由来するものである。現在はBSL1－4（biosafety level 1－4）という名称に変わっている。*

日本では、ソフト面の整備にも非常に長い時間がかかった。一九七四年、私はCDCでこの分類に関する資料をもらって帰国し、一九七六年、これをもとに予研の内部指針として病原体の危険度分類が作られた。その後、何回かの修正を経て、現在では「病原体等安全管理規程」という名称に変えられている。これは予研の自主規制のためのものであったが、国内の多くの研究機関がこれに準拠した

＊　私の所属先であった国立予防衛生研究所では、天然痘ウイルスなど危険性の高いウイルスの研究も行っていた。私も北里研究所に在籍していた際に、予研で天然痘ウイルスの実験を北村敬と行ったことがあったが、種痘をしていたため、特別な対策をすることなく普通の実験室で行っていた。

対策をとるようになり、実質的に国の指針のような役割を果たしてきた。

一九七六年から、WHOは国際的な指針を作成する作業を開始した。当時、危険度分類が作成されていたのは米国のほかには日本と英国だけであり、この三カ国の分類をもとに国際的整合性を考慮した指針が一九八三年に作成された。なおその際、危険度という用語はバイオセーフティ・レベルに変えられた。

日本では、一九七九年に国が組換えDNA実験指針を作成した。組換えの対象になるDNAは、供与体DNAといって、主に病原体から分離されたものである。元の病原体の分類に従って供与体もレベル1-4に分類され、それに応じて実験室はP1-4に分類された。組換えDNA実験指針は、すべて自主規制の病原体分類に基づいて作られていたため、私たちは、組換えDNA実験指針の基盤として、国としての病原体安全管理指針を作成する必要性を指摘した。しかし、そのまま長い年月が過ぎ去った。そして一九九五年、地下鉄サリン事件が発生した。これがきっかけで、麻原彰晃と教団医師たちがアフリカ救済と偽ってザイールに出かけてエボラウイルスの入手を試み、失敗していたことが明らかにされた。これ以後、病原体管理が野放しの日本は、CDCからテロ容認国とみなされ、病原微生物を譲り受けることができなくなってしまった。

実は、国が病原体安全管理指針を作成しようとしたことが一度あった。阪神・淡路大震災のあと、国会で病原体管理についての質問が出て、文部省（現、文部科学省）が取り組んだのである。その結果、「大学等における研究用微生物安全管理マニュアル（案）」が一九九八年に作成されたが、その後、国会での論議もなかったためか、この案は埋もれてしまった。そして二〇〇三年に、生物多様性条約の発効を受け、組換えＤＮＡ実験指針にかわる法律が制定された。基盤のない法律ができたことになった。

二〇〇三年九月、七月にＳＡＲＳの発生が終息した直後に、シンガポールのＢＳＬ３実験室でＳＡＲＳコロナウイルスに感染する事故が起きた。その日にはＳＡＲＳコロナウイルスの実験は行われていなかったが、管理体制に不備があった。同年十二月、台湾のＢＳＬ４実験室で同じく実験者の感染事故が起きた。これは、安全管理手順が順守されていなかったためであった。二〇〇四年には中国でも同様の事故が起きていた。一連の事故により、実験室からＳＡＲＳが再発生するおそれが問題になった。ＷＨＯは調査団を派遣し、シンガポールの事故について、シンガポール環境省の実験室安全管理基準の改善を含めていくつかの勧告を行った。この調査団には、国立感染症研究所のバイオセーフティ担当者も加わっていた。

二〇〇四年に厚生労働省が調査したところ、国内の八つの研究施設がＳＡＲＳウイルスを保管していることが明らかになった。日本では、病原体安全管理指針が存在していなかったので、実験室の基準も病原体の管理もすべて研究施設に任せられていた。したがって、実験者の訓練や実験室の整備がどのようになっているのかはまったくわかっていなかった。もしも、シンガポールのような事故が起きた場合には、実験室安全管理基準の改善ではなく、基準そのものの作成が勧告されたであろう。

日本では、次に述べるように、一九九八年に感染症法が制定された。二〇〇六年、この法律が一部改正されて、病原体等の管理体制が付け加えられた。ここでやっと、国の病原体安全管理指針ができたのである。

野生動物の輸入大国だった日本

日本では、感染症の予防対策は明治三〇年（一八九七年）に制定された伝染病予防法に則って行われてきた。伝染病予防法はコレラ、赤痢、天然痘など、ヒトからヒトへの感染症の広がりを防止することを目的としたものであって、動物から人間への感染の防止はとりあげていなかった。しかし、新興・再興感染症として問題になるものの多く、特にもっとも危険なウイルスのほとんどが、動物からの感染で起こる。それらを防止するためには、動物からヒトへの感染防止をあわせてはからなければならない。

なかでも野生動物が重要な感染源であるため、外国から輸入される野生動物の検疫は、公衆衛生上、非常に重要な課題である。しかし二十世紀末まで日本の動物検疫は、家畜伝染病予防法に基づく家畜（ウシ、ブタ、ウマ、ヒツジ、ニワトリなど）と狂犬病予防法に基づくイヌだけが対象になっていて、野生動物の輸入は長らく野放しであった。

一九九七年度に厚生省の研究班が成田空港や関西空港などの国際空港と港湾で輸入実態の調査を行った結果、一年間に輸入される動物の推定総数は約三八五万頭であった。その内訳は、爬虫類が二〇二万匹、齧歯類が一一一万頭、鳥類が六〇万羽、両生類が八万匹、その他哺乳類が三万頭であった。

伝染病予防法は制定から一〇〇年後の一九九八年に全面的に改正され、「感染症の予防及び感染症の患者に対する医療に関する法律」（通称、感染症法）が生まれた。また、狂犬病予防法の対象動物種が拡大された。ここで初めて、動物からヒトへの感染防止という視点が盛り込まれたのである。その後、感染症法はさらに改正され、現在はＳＡＲＳコロナウイルスを媒介するイタチアナグマ、タヌキ、ハクビシン、ペストを媒介するプレーリードッグ、エボラなどを媒介するサル、ヘンドラ、ニパなどを媒介するコウモリ、ラッサウイルスを媒介するヤワゲネズミは輸入禁止となり、陸生哺乳類、鳥類、齧歯類の死体の輸入は届け出制になっている。

このように、日本における危機管理体制は、エマージングウイルスが繰り返し出現するようになってから十年単位で遅れながらも、ハード面でもソフト面でも整備されてきたのである。

4　根絶の時代から共生の時代へ

十九世紀後半に「細菌の狩人の時代」が始まり、二十世紀に入るとウイルスが狩りの対象に加わった。抗生物質の開発により細菌感染の多くは治療可能となり、ワクチンにより天然痘や狂犬病のような恐ろしいウイルス感染症は予防可能となった。天然痘根絶は、二十世紀における微生物学のめざましい進展を象徴する偉業である。そして、麻疹、ポリオの根絶計画が始まった。まさに二十世紀は、ウイルスの根絶を目指した時代であった。

なぜ、天然痘を根絶できたのか。振り返ってみると、その最大の理由は、天然痘ウイルスが感染するのが人間だけだったからであった。しかも、天然痘ワクチンという非常に効果のある武器があり、それでもって天然痘ウイルスがヒトの間で広がるのを防ぐことができた結果、天然痘ウイルスを地球上から（正確には、CDCとロシアの研究所に保管されているウイルスを除けば）排除することができたのである。

麻疹ウイルスとポリオウイルスも、人間だけに感染する。したがって、これらの感染症もワクチンを普及させることでヒトの間での感染の広がりを抑えれば、いずれは根絶が可能である。このほかにも、たとえばB型肝炎ウイルスやC型肝炎ウイルスなどのヒトにだけ感染するウイルスも、有効なワクチンができれば、根絶も夢ではないだろう。

しかし、本書でとりあげたウイルスはいずれも野生動物を自然宿主としており、さらにヒトを含むほかの動物でも広がって大きな被害を与えるようになったウイルスである。そして、これまでに見てきた通り、エマージングウイルスはさまざまな野生動物から、繰り返し現れる。

野生動物と共生していくということは、彼らの保有するウイルスとも共生する必要があるということを意味している。野生動物の生息域にヒトが入りこむ機会が多い現代社会では、野生動物を自然宿主とするさまざまなウイルスから、いかに感染を防ぐかが求められることになるだろう。(6) 新型コロナウイルスは、二十一世紀がウイルスとの共生の道をさぐる時代に入ったことを、われわれに見せつけているのである。

あとがき

私が最初に出会ったエマージングウイルスは、一九六七年にアフリカから輸入されたミドリザルが西ドイツに持ち込んだマールブルグウイルスであった。当時、私の所属していた国立予防衛生研究所にも同じ輸出業者からミドリザルが送られてきており、私はサルのウイルスに関する安全対策を担当していた。この時の緊張感は今でも忘れることができない。それ以来、私は、次々と発生してくる多くのエマージングウイルスに直接、または間接的に関わることになった。

一九九五年春、予研霊長類センターをキーステーションとして「霊長類フォーラム」のウェブサイトが作られた。当時、インターネットによる講座がどのようなものかまったく理解できずにいた私であったが、フォーラムの世話役であった吉川泰弘霊長類センター長から詳しい説明と熱心な説得を受け、連続講座「人獣共通感染症」が始まった。そこで最初に紹介したのは、本書でも取り上げたウマモービリウイルス（現在はヘンドラウイルスに改名）である。その翌年、ザイールでエボラ出血熱が発生し、ウシ海綿状脳症（ＢＳＥ）が続いた。これらの社会を揺るがす感染症についてフォーラムで解説するうちに、いつのまにか、多くの人々がアクセスするようになっていた。そのひとり、K&K事務所の編集者である刈部謙一さんから、人獣共通感染症に関する一般向けの解説書の執筆を勧められた。そして、ライターの高木裕さんに協力していただいて、私にとって最初の一般向け著作として『エマージングウイルスの世紀』(河出書房新社、一九九七年)を執筆した。

その頃は、ちょうどエマージングウイルスへの関心が高まり始めた時期で、私のウイルス・ハンターたちとの交流の輪も広がっていった。二〇〇〇年、アトランタで国際エマージングウイルス・シンポジウムが開かれた際の、親友のCDCウイルス部門長のブライアン・マーヒーの家でのパーティーは、私にとって懐かしい思い出になっている。たまたまその日が私の誕生日に当たっていたため、世界中から集まっていたウイルス・ハンターたちから、「ハッピーバースデー・カズヤ」と祝ってもらったのを覚えている。

その後、私の研究テーマであった、天然痘、麻疹、牛疫などのウイルスについての著作を刊行し、私が眺めてきたウイルスの世界については語り尽くしたと思っていた。ところが二〇一七年、みすず書房の市田朝子さんから、生命体としてのウイルスという視点から『ウイルスの意味論』の執筆を勧められた。考えてもみなかったテーマであったが、なんとか翌年暮れに出版し、私の研究者人生の集大成とすることができた。

それから一年あまり後、突然、新型コロナウイルス感染症(COVID-19)が発生した。発生そのものは私にとって予想外なことではなかったが、グローバル化した世界におけるウイルスの影響の拡大は、私の想像の域をはるかに超えていた。そのような事態のもと、市田さんから、今度は『エマージングウイルスの世紀』の改訂版の執筆を提案された。そこであらためて、半世紀以上にわたってエマージングウイルスを眺めてきた私の経験をもとに、過去のエマージングウイルスの背景やウイルスハンターの活動、このような危険なウイルスの研究のための環境整備の経緯などについて本書をまとめることにしたのである。そして、『キラーウイルス感染症』（双葉社、二〇〇一年）の一部を転載し、さらに新型コロナウイルスに関わるさまざまな問題点を盛り込んだ。旧版の表題から「エマージング」を削除し、内容も『ウイルスの意味論』の姉妹版になるように心がけた。この二部作を通じて、ウイルスの真の姿への認識が高まることを期待したい。

東大医科学研究所で私の学生であった芳賀猛東京大学教授には、高齢となり体調が不安定な私の執筆の進行状況を見守っていただき、安心して書き進めることができた。市田朝子さんには、私の執筆意欲を再び呼び起こしていただき、また、読みやすい内容にするために多くの示唆や修正をいただいた。円水社の小林幸さんと黒江康治さんには、丁寧に校正していただいた。これらの方々に厚く御礼申し上げる。

二〇二〇年六月三〇日

山内一也

医師は最善を尽くしているか 医療現場の常識を変えた11のエピソード	A.ガワンデ 原井 宏明訳	3200
死すべき定め 死にゆく人に何ができるか	A.ガワンデ 原井 宏明訳	2800
予期せぬ瞬間 医療の不完全さは乗り越えられるか	A.ガワンデ 古屋・小田嶋訳 石黒監修	2800
死を生きた人びと 訪問診療医と355人の患者	小堀鷗一郎	2400
人はなぜ太りやすいのか 肥満の進化生物学	M. L. パワー/J. シュルキン 山本 太郎訳	4200
ナイチンゲール 神話と真実 新版	H.スモール 田中 京子訳	3600
復興するハイチ 震災から、そして貧困から 医師たちの闘いの記録 2010-11	P.ファーマー 岩田健太郎訳	4300
パリ、病院医学の誕生 革命暦第三年から二月革命へ	E. H. アッカークネヒト 舘野之男訳 引田隆也解説	3800

（価格は税別です）

みすず書房

山内一也

ウイルスの世紀

なぜ繰り返し出現するのか

2020年 8 月 17 日　第 1 刷発行

発行所　株式会社　みすず書房
〒113-0033　東京都文京区本郷 2 丁目 20-7
電話　03-3814-0131(営業)　03-3815-9181(編集)
www.msz.co.jp

本文印刷所　萩原印刷
扉・表紙・カバー印刷所　リヒトプランニング
製本所　松岳社
装丁　大倉真一郎

Printed in Japan
ISBN 978-4-622-08926-1
[ウイルスのせいき]

著者略歴

(やまのうち・かずや)

1931年，神奈川県生まれ．東京大学農学部獣医畜産学科卒業．農学博士．北里研究所所員，国立予防衛生研究所室長，東京大学医科学研究所教授，日本生物科学研究所主任研究員を経て，現在，東京大学名誉教授，日本ウイルス学会名誉会員，ベルギー・リエージュ大学名誉博士．専門はウイルス学．主な著書に『エマージングウイルスの世紀』(河出書房新社，1997)『ウイルスと人間』(岩波書店，2005)『史上最大の伝染病　牛疫　根絶までの四〇〇〇年』(岩波書店，2009)『ウイルスと地球生命』(岩波書店，2012)『近代医学の先駆者——ハンターとジェンナー』(岩波書店，2015)『はしかの脅威と驚異』(岩波書店，2017)『ウイルス・ルネッサンス』(東京化学同人，2017)『ウイルスの意味論——生命の定義を超えた存在』(みすず書房，2018年) など，主な訳書にアマンダ・ケイ・マクヴェティ『牛疫——兵器化され、根絶されたウイルス』(みすず書房，2020)，主な監訳書にエド・レジス『悪魔の生物学——日米英・秘密生物兵器計画の真実』(柴田京子訳，河出書房新社，2001) などがある．

索引

ア

カ

タ

ナ

ハ

マ

主 要 文 献

プロローグ

1） Lederberg, J., Shope, R.E., & Oaks, S.C., Jr. (Ed): *Emerging Infections.* National Academy Press, 1992.

2） スティーヴン・モース（編）『突発出現ウイルス —— 続々と出現している新たな病原ウイルスの発生メカニズムと防疫対策を探る』佐藤雅彦訳，海鳴社，1999.

第１章　ウイルスとは何者か

1） 川喜田愛郎『ウイルスの世界』岩波書店，1965.

2） 山内一也『はしかの脅威と驚異』岩波書店，2017.

3） 山内一也『ウイルスの意味論 —— 生命の定義を超えた存在』みすず書房，2018.

4） Zinkernagel, Rolf M., & Doherty, Peter C.: The discovery of MHC restriction. *Immunology Today* 18, 14–17, 1997.

5） Teijaro, J.R.: Cytokine storms in infectious diseases. *Seminars in Immunopathology* 39, 501–503, 2017.

6） ウォーターソン，A.P., ウィルキンソン，L.『見えざる病原体を追って —— ウイルス史学序論』川出由己，松山東平，松山雅子訳，吉岡書店，1987 年 .

7） 山内一也，三瀬勝利『ワクチン学』岩波書店，2014 年 .

第２章　エマージングウイルスの系譜

1） WHO, FAO: Joint FAO/WHO Expert Committee on Zoonoses. WHO Technical Report Series No. 378, 1967., FAO agricultural studies; no. 74.

2） Martini, G.A., & Siegert, R. (Ed): *Marburg Virus Disease.* Springer-Verlag, 1971.

3） Palmer, A.E.: B virus, herpesvirus simiae: Historical perspective. *Journal of Medical*

Primatology 16, 99–130, 1987.

4) Davenport, D.S., Johnson, D.R., Holmes, G.P., Jewett, D.A., Ross, S.C., &Hilliard, J.K.: Diagnosis and management of human B virus (*herpesvirus simiae*) infections in Michigan. *Clinical Infectious Diseases* 19, 33–41, 1994.

5) リチャード・プレストン『ホット・ゾーン —— エボラ・ウイルス制圧に命を懸けた人々』高見浩訳，早川書房，1994 および 2020.

6) スタンレイ・ジョンソン『悪魔のウイルス』竹村健一訳，実業之日本社，1984.

7) 倉田毅「ウイルス性出血熱」科学 , VOL.67 NO.2., 133–138, 1997.

8) 山内一也『エボラ出血熱とエマージングウイルス』岩波書店，2015.

9) Casals, J., & Buckley, S.M.: Lassa fever. *Progress in Medical Virology* 18, 111–126, 1974.

10) ジョーゼフ・B・マコーミック，スーザン・フィッシャー＝ホウク『レベル 4：致死性ウイルス』武者圭子訳，早川書房，1998.

11) Zweighaft, R.M., Fraser, D.W., Hattwick, M.A. et al: Lassa fever: response to an imported case. *New England Journal of Medicine* 297, 803–807, 1977.

12) 平林義弘，岡慎一，後藤元，島田馨，倉田毅，S.P. Fisher-Hoch, J.B. McCormick「ラッサ熱本邦初輸入例の臨床経験」日本臨床 47 号，71–75，1989.

13) Olson, P.E., Hames, C.S., Benenson, A.S., & Genovese, E.N.: The Thucydides syndrome: Ebola déjà vu? (or Ebola reemergent?). *Emerging Infectious Diseases* Vol. 2, 155–156, 1996.

14) ローリー・ギャレット『カミング・プレイグ —— 迫りくる病原体の恐怖　上・下』山内一也監訳，野中浩一，大西正夫訳，河出書房新社，2000.

15) ピーター・ピオット『ノー・タイム・トゥ・ルーズ —— エボラとエイズと国際政治』宮田一雄，大村朋子，樽井正義訳，慶應義塾大学出版会，2015.

16) Pattyn, S.R. (Ed): *Ebola Virus Haemorrhagic Fever*. Elsevier/North-Holland, 1978.

17) フランク・ライアン『ウイルスX —— 人類との果てしなき攻防』沢田博，古草秀子訳，角川書店，1998.

18) 清水文七『ウイルスがわかる —— 遺伝子から読み解くその正体』講談社，1996.

19) 清水文七『ウイルスの正体を捕らえる —— ヴェーロ細胞と感染症』朝日新聞社，2000.

20) Dalgard, D.W., Hardy, R.J., Pearson, S.L. et al.: Combined simian hemorrhagic fever and Ebola virus infection in cynomolgus monkeys. *Laboratory Animal Science* 42, 152–157, 1992.

21) Peters, C.J., Olshaker, Mark: *Virus Hunter*. Anchor Books, 1997.

22) Morell, V.: Chimpanzee outbreak heats up search for Ebola origin. *Science* 268, 974–976, 1995.

23) 川俣順一（編）『腎症候性出血熱』医歯薬出版株式会社，1987.

24) 森村誠一『新版 悪魔の飽食 —— 日本細菌戦部隊の恐怖の実像！』角川書店，1983.

25) エド・レジス『悪魔の生物学 —— 日米英・秘密生物兵器計画の真実』山内一也監修 , 柴田京子訳，河出書房新社，2001.

26) Murray, Keith et al.: A novel morbillivirus pneumonia of horses and its transmission to

humans. *Emerging Infectious Diseases* 1, 31–33, 1995.

27) Young, P.L., Halpin, K., Selleck, P.W. et al.: Serologic evidence for the presence in Pteropus bats of a paramyxovirus related to equine morbillivirus. *Emerging Infectious Diseases* 2, 239–240, 1996.

28) 山内一也『キラーウイルス感染症──逆襲する病原体とどう共存するか』双葉社，2001.

29) Ching, P.K.G., de los Reyes, V.C., Sucaldito, M.N. et al.: Outbreak of Henipavirus infection, Philippines, 2014. *Emerging Infectious Diseases* 21, 328–331, 2015.

30) Hsu, V.P., Hossain, M.J., Parashar, U.D. et al.: Nipah virus encephalitis reemergence, Bangladesh. *Emerging Infectious Diseases* 10, 2082–2087, 2004.

31) Nikolay, B., Salje, H., Hossain, M.J. et al.: Transmission of Nipah Virus:14 years of investigations in Bangladesh. *New England Journal of Medicine* 19, 1804–1808, 2019.

32) Chadha, M.S., Comer, J.A., Lowe, L. et al.: Nipah virus-associated encephalitis outbreak, Siliguri, India. *Emerging Infectious Diseases* 12, 235–240, 2006.

第３章　新型コロナウイルス

1) Wooo, P.C.Y., Lau, S.K.P., Lam, C.S.F. et al.: Discovery of seven novel mammalian and avian coronaviruses in the genus *Deltacoronavirus* supports bat coronaviruses as the gene source of *Alphacoronavirus* and *Betacoronavirus* and avian coronaviruses as the gene source of *Gammacoronavirus* and *Deltacoronavirus*. *Journal of Virology* 86, 3995–4008, 2012.

2) Denison, M.R., Graham, R.L., Donaldson, E.F. et al.: Coronaviruses: An RNA proofreading machine regulates replication fidelity and diversity. *RNA Biology* 8:2. 270–279, 2011.

3) Tyrrel, D.A.J. & Fielder, M.: *Cold Wars: The Fight against the Common Cold*. Oxford Univ. Press, 2002.

4) Vijgen,L., Keyaerts, E., Moës, E. et al.: Complete genomic sequence of human coronavirus OC43: Molecular clock analysis suggests a relatively recent zoonotic ctoronavirus transmission event. *Journal of Virology* 79, 1595–1604, 2005.

5) Corman, V.M., Eckerle, I., Memish, Z.A. et al.: Link of a ubiquitous human coronavirus to dromedary camels. *Proceedings of National Academy of Science*. Early edition（June 27, 2016）. www.pnas.org/cgi/doi/10.1073/pnas.1604472113

6) Pfefferle, S., Oppong, S., Drexler, J.F. et al.: Distant relatives of severe acute respiratory syndrome coronavirus and close relatives of human coronavirus 229E in bats, Ghana. *Emerging Infectious Diseases* 15（9）:1377–1384, 2009.

7) 山内一也『地球村で共存するウイルスと人類』NHK 出版，2006.

8) Ksiazek, T.G., Erdman, D., Goldsmith, C.S. et al.: A novel coronavirus associated with severe acute respiratory syndrome. *New England Journal of Medicine* 348, 1953–1996, 2003.

9) Rota, P.A., Oberste, M.S., Monroe, S.S. et al.: Characterization of a novel coronavirus associated with severe acute respiratory syndrome. *Science* 300, 1394–1399, 2003.

10) Zaki, A.M., van Boheemen, S., Bestebroer, T.M. et al.: Isolation of a novel coronavirus from a man with pneumonia in Saudi Arabia. *New England Journal of Medicine* 367, 1814–1820, 2012.

11) De Groot, R.J., Baker, S.C., Baric, R.S. et al.: Middle East Respiratory Syndrome coronavirus（MERS-CoV）: Announcement of coronavirus study group. *Journal of Virology* 87, 7790–7792, 2013.

12) Butler, D.: Receptor for new coronavirus found. *Nature*. 495, 149–150, 2013.

13) Memish, Z.A. et al.: Human infection with MERS coronavirus after exposure to infected camels, Saudi Arabia, 2013. *Emerging Infectious Diseases* 20, 1012–1015, 2014.

14) Memish, Z.A., Mishra, N., Olival, K.J. et al.: Middle East Respiratory Syndrome coronavirus in bats, Saudi Arabia. *Emerging Infectious Diseases* 19, 1819–1923, 2013.

15) Anthony, S.J., Gilardi, K., Menachery, V.D. et. al.: Further evidence for bats as the evolutionary source of Middle East respiratory syndrome coronavirus. *mBio* 8: e00373–17, 2017.

16) WHO: WHO recommends continuation of strong disease control measures to bring MERS-CoV outbreak in Republic of Korea to an end.
https://www.who.int/westernpacific/news/detail/13-06-2015-who-recommends-continuation-of-strong-disease-control-measures-to-bring-mers-cov-outbreak-in-republic-of-korea-to-an-end

17) Petersen, E., Hui, D.S., Perlman, S., Zumla, A.: Editorial: Middle East Respiratory Syndrome— advancing the public health and research agenda on MERS- lessons from the South Korea outbreak. *International Journal of Infectious Diseases* 36, 54–55, 2015.

18) Ge, X.-Y., Li, J.-L., Yang, X.-L. et al.: Isolation and characterization of a bat SARS-like coronavirus that uses the ACE2 receptor. *Nature*, 503, 535–538, 2013.

19) Menachery, V.D., Yount, B.L.Y. Jr., Debbink, K. et al.: A SARS-like cluster of circulating bat coronaviruses shows potential for human emergence. *Nature Medicine* 21, 1508–1513, 2015.

20) Fan, Y., Zhao, K., Shi, Z.-L. et al.: Bat coronaviruses in China. *Viruses* 11, 210; doi:10.3390/v11030210, 2019.

21) Zhou, P. Fan, H., Lan, T. et al.: Fatal swine acute diarrhoea syndrome caused by an HKU2-related coronavirus of bat origin. *Nature* 556, 255–258, 2018.

22) Andersen, K.G., Rambaut, A., Lipkin, W.I. et al.: The proximal origin of SARS-CoV-2. *Nature Medicine* 26, 450–452, 2020.

23) Lee, C.: Porcine epidemic diarrhea virus: An emerging and re-emerging epizootic swine virus. *Virology Journal* 12:193–, 2015. DOI 10.1186/s12985-015-0421-2

24) Gralinski, L.E. & Menachery, V.D.: Return of coronavirus: 2019-nCoV. *Viruses* 12, 135: doi:10.3390/v12020135, 2020.

25) Zhou, P., Yang, X.-L., Shi, Z.-L. et al.: A pneumonia outbreak associated with a new coronavirus of probable bat origin. *Nature*, 579, 270–273, 2020.

26) Lam, T. T.-Y., Jia, N., Zhang, Y.W., Shum, M.H.-H. et al.: Identifying SARS-CoV-2 related coronaviruses in Malayan pangolins. *Nature*, https://doi.org/10.1038/s41586-020-2169-0,

2020.
27）Li, X., Giorgi, E.E., Marichannegowda, M.H. et al.: Emergence of SARS-CoV-2 through recombination and strong purifying selection. *Science Advances*, 29 May 2020: eabb9153 DOI: 10.1126/sciadv.abb9153

第 4 章　人類はどのような手段を持っているのか

1）山内一也，三瀬勝利『ワクチン学』岩波書店，2014.
2）Vennema, H., de Groot, R.J., Harbour, D.A. et al.: Early death after feline infectious peritonitis virus challenge due to recombinant vaccinia virus Immunization. *Journal of Virology* 64, 1407–1709, 1990.
3）Wang, J. & Zand, M.S.: The potential for antibody-dependent enhancement of SARS-Cov-2 infection: Translational implications for vaccine development. *Journal of Clinical Translational Sciences*, page 1 of 4.doi: 10.1017/cts.2020.39
4）Peeples, L.: News Feature: Avoiding pitfalls in the pursuit of a COVID-19 vaccine. *Proceedings of National Academy of Science* 117, 8218–8221, 2020.
5）Pastoret, P.-P. Blancou, J. Vannier, P. & Verschueren, C.（Ed）: *Veterinary Vaccinology*, Elsevier, 1997.
6）Winkler, W.G., & Bögel, K: Control of rabies in wildlife. *Scientific American* 226, 86–93, 1992.
7）Althaus, C.L., Low, N., Musa, E.O. et al.: Ebola virus disease outbreak in Nigeria: Transmission dynamics and rapid control. *Epidemics* 11, 80–84, 2015.
8）Olival, K.J., Hosseini, P.R., Zambrana, C. et al.: Host and viral traits predict zoonotic spillover from mammals. *Nature*, 546, 646–650, 2017.
9）Goldstein, T., Anthony, S.J., Gbakima, A. et al.: The discovery of Bombali virus adds further support for bats as hosts of ebolaviruses. *Nature Microbiology* 3, 1084–1089, 2018.
10）Fan, Y., Zhao, K., Zheng-Li, S. et al.: Bat coronaviruses in China. *Viruses* 11, 210; doi:10.3390/v11030210, 2019.

第 5 章　ウイルスとともに生きる

1）大谷明，内田久雄，北村敬，山内一也（編）『バイオハザード対策ハンドブック』近代出版，1981.
2）国立予防衛生研究所「バイオハザード資料集」1976.
3）Runkle, R.S.: Biohazards symbol: Development of a biological hazards warning signal. *Science* 158, 264–265, 1967.
4）本庄重男「筑波移転反対運動と医用霊長類センター建設計画」生物科学 26 号，99–101，1974.

5）フランク・ライアン『ウイルスX──人類との果てしなき攻防』沢田博，古草秀子訳，角川書店，1998.
6）Anthony, S.J., Epstein, J.H., Murray, K.A. et al.: A strategy to estimate unknown viral diversity in mammals. *mBio* 4（5）: e00598-13. doi:10.1128/mBio.00598-13, 2013.